Noel Blanco

El uso de la ultrasonografía y fotometría en vacuno y porcino

Noel Blanco

El uso de la ultrasonografía y fotometría en vacuno y porcino

La ultrasonografía y fotometría, cómo métodos de predicción de la canal y calidad de la carne en vacunos y porcinos

Editorial Académica Española

Imprint
Any brand names and product names mentioned in this book are subject to trademark, brand or patent protection and are trademarks or registered trademarks of their respective holders. The use of brand names, product names, common names, trade names, product descriptions etc. even without a particular marking in this work is in no way to be construed to mean that such names may be regarded as unrestricted in respect of trademark and brand protection legislation and could thus be used by anyone.

Cover image: www.ingimage.com

Publisher:
Editorial Académica Española
is a trademark of
International Book Market Service Ltd., member of OmniScriptum Publishing Group
17 Meldrum Street, Beau Bassin 71504, Mauritius
Printed at: see last page
ISBN: 978-620-3-03514-8

Índice General

INTRODUCCIÓN

La carne representa (después de la leche en ganado lechero) el producto más importante de la crianza de los animales de interés zootécnico (vacuno, porcino, ovicaprino). Por su gran importancia económica es de interés para la investigación científica mundial y del comercio.

La estimación objetiva y/o la determinación de la composición de la canal de los animales domésticos (vacuno, porcino, ovicaprino) es de vital importancia para todos los eslabones de la cadena productiva y comercial (productor, industrial y consumidor), igualmente para las organizaciones encargadas de la mejora genética. En el primer caso porque existe la necesidad de determinar objetiva y justamente los precios del ganado en pie o en canal y en el segundo caso para optimizar las estimaciones de los valores genéticos de los animales.

El primer intento subjetivo dirigido a la determinación de la composición de las canales, fue en ganado vacuno y tuvo su base en la clasificación de las carcasas según su grado de conformación en diferentes categorías. Éste sistema fue concebido en USA en el siglo 19 y fue utilizado en los países con alto nivel de exportación de carne vacuna (USA, Argentina, Australia y Nueva Zelanda entre otros). Luego le precedieron métodos que además de la conformación, incluyeron el grado de engrasamiento (grasa superficial) de las carcasas a la hora de clasificarlas.

Actualmente en la Unión Europea se utiliza el sistema de clasificación de canales denominado SEUROP, donde cada una de sus letras representa una categoría clasificatoria de acuerdo a la calidad de las canales así: S = Superior, E = Excelente, U = Muy buena, R = Buena, O = Aceptable y P = Pobre, Ver anexo 1. Las canales se clasifican en cada una de las categorías visualmente según su conformación. En el marco de cada categoría se valora el nivel de engrasamiento en 5 subcategorías, así: 1 = Bajo, 2 = Moderado, 3 = Medio, 4 = Alto y 5 = Muy alto. En los Estados Unidos los animales se clasifican primeramente en 5 categorías según la edad (A hasta la D). En el marco de cada categoría se valora la calidad total de las medias canales (quality grade). También se valora el porcentaje de las piezas nobles (yiel grade). Al valorar la calidad de las medias canales de toros castrados, novillas y vacas las carcasas se clasifican en 8 subcategorías: Prime, Choice, Select, Standard, Commercial, Utility, Cutter a Canner. Los novillos jóvenes se clasifican en 5 categorías según su calidad (Prime hasta la Utility). Además se valora el nivel de osificación, color de músculo y grasa, la estructura y las áreas del músculo longisimu dorsis y nivel de veteado del mismo, el veteado del m.l.d se valora según la escala de veteado Americana. Otros sistemas o métodos de clasificación de canales utilizados en otros países o no existen o son muy similares a los aquí expuestos.

De todo lo anterior se deduce que todos los sistemas o métodos utilizados en el mundo para determinar la calidad y composición de la canal son subjetivos (utilizan la vista para clasificarlos) y no son lo suficientemente exactos y más aun desde el punto de vista de la calidad de la carne prácticamente carecen de información. Lo que significa que se dedica poco al tema de interés de los consumidores, como es la calidad de la carne, dejando por fuera ciertas excepciones.

Otra deficiencia de los actuales métodos de determinación de la calidad y composición de las canales (sobre todo para las organizaciones encargadas de la mejora genética) es que la clasificación se realiza post mortem y no en vida de los animales, lo que no permite la preservación y posterior selección de los mejores ejemplares para su futura utilización en la mejora.

La disección representa el único método objetivo para determinar la calidad y composición de la canal en todos los animales de abasto. No obstante es desde el punto de vista de tiempo, trabajo y economía muy exigente, además como ya lo hemos dicho se realiza post mortem.

La complejidad de la predicción de la calidad y composición de las canales radica principalmente en la gran variabilidad individual de los parámetros de la calidad y composición de la canal, variabilidad que se hace evidente inclusive en animales de la misma raza, sexo y del mismo peso. Dos animales del mismo peso no necesariamente tendrán el mismo rendimiento de canal o el mismo peso de la carne de primera por ejemplo.

El gran interés de parte de las organizaciones de mejora genética animal y comerciales por determinar el nivel de grasa intramuscular o veteado de la carne in vivo o post mortem se desprende de que la grasa intramuscular representa uno de los criterios de calidad más importante de la carne. En la carne cruda fresca el veteado junto al color de ésta constituyen lo que se denomina la primera impresión de los consumidores lo que influye en la decisión de compra. Durante y después de la cocción la grasa intramuscular es la responsable en gran medida del olor, sabor, terneza y jugosidad de la carne.

Como en el caso de la composición de la canal los métodos para determinar la grasa intramuscular y/o veteado de la carne son subjetivos y se basan en patrones fotográficos organizados en escalas, donde un especialista le asigna un nivel determinado. En la actualidad en la práctica y objetivamente se puede realizar únicamente post mortem en el laboratorio, lo que retarda y encarece la información, frenando de ésta forma el proceso de selección y alejando los resultados del progreso genético en el hato.

Esto significa que carecemos de un sistema óptimo capaz de establecer con exactitud la composición y calidad de la canal in vivo o post mortem, (ej: el grado de infiltración de la grasa intramuscular y/o veteado de la carne) a un coste y tiempo admisible. Este hecho ha servido de estímulo para la búsqueda de nuevos y objetivos sistemas de clasificación y predicción de la composición y calidad de la canal. En ese sentido una de las posibles soluciones la vemos en la utilización de tecnologías actuales (ultrasonografia, análisis de imagen computarizado) como posibles técnicas para la predicción de la composición de la canal y veteado de la carne.

El objetivo del presente manuscrito es hacer un pequeño aporte en la búsqueda de una posible solución más objetiva y rápida a la inexactitud y subjetividad de los actuales métodos de clasificación y determinación de la composición y calidad de la canal (lo que en porcino ya está bastante avanzado, pero no así en las demás especies). El trabajo se centra en el análisis de las relaciones entre el espesor de diferentes músculos medidos con ultrasonido in vivo y los parámetros más importantes de la composición y calidad de la canal, obtenidos post mortem con la disección de las carcasas. También analizar la posibilidad de predicción del contenido de grasa intramuscular y/o veteado de la carne, a partir del análisis de imagen computarizado de imágenes ultrasonográficas, obtenidas in vivo y fotografías del área transversal del m.l.d. obtenidas post mortem correlacionando los resultados de éstas con el contenido de grasa intramuscular del m.l.d obtenido en el laboratorio.

Capítulo I

ESTIMACIÓN DE LA COMPOSICIÓN DE LA CANAL EN TRES RAZAS BOVINAS MEDIANTE MEDICIONES CON ULTRASONIDOS DE ESPESOR MUSCULAR

Blanco Roa, N. E[1]., J, Huba[1]., J. S. Matías[2]., P. Polák[1]., L. Hetényi[1]., A. Oravcová[1]., E. Krupa[1]

[1] Instituto de investigación para la producción animal. Hlohovská 2, Nitra, República de Eslovaquia. nblanco@unanleon.edu.ni

[2] Nutreco. Zaragoza, España

Palabras claves adicionales

Ultrasonidos, Espesor múscular, predicción, Canal, Bovinos

Aditional keywords

Ultrasound, Thickness muscle, Prediction, Carcass value, Cattle

Blanco Roa, N., Huba, J., Matías, J. S., Hetényi, L., Polák, P., Oravcová, M., Krupa E.: Estimación de la composición de la canal en tres razas bovinas mediante mediciones con ultrasonidos de espesor muscular In: Albeitar, (Publ. Veterinaria Independiente), 2003, p. 22 – 24.

INDICE

1.- RESUMEN

En este estudio se analiza la relación entre el espesor múscular medido con ultrasonidos en cinco puntos del cuerpo de toros vivos y las caracteristicas más importantes de la canal. En nuestro experimento utilizamos toros de tres razas bovinas, pinzgauver (P), braunvieh (B) a holstain (H) en cantidad de 25,12 y14 animales. Para el grupo de la raza braunvieh encontramos que todos los indicadores de la composición de la canal analizados en este trabajo (peso de la canal caliente, peso de la canal oreada, peso de los cortes de primera y peso total de la carne en la media canal deracha) estan altamente corelacionados con el espesor del músculo longissimo dorsi medido en la 7ma vertebra thoráxica r = 0.85, 0.85, 0.71 y 0.83 (P < 0.01) respectivamente. Al calcular estas mismas correlaciones para el grupo de la raza holstain obtuvimos r = 0.66, 0.66, 0.75 y 0.71 (P < 0.01). Coeficientes de corrrelación desde moderados hasta altos encontramos entre el espesor del músculo glúteo superficial de la pierna derecha y todos los indicadores de la composición de la canal aqui analizados r = 0.57 - 0.73, (P < 0.05, 0.01). Al correlacionar las mediciones ecográficas de la región del músculo infraspinato, 13^{ava} vertebra thoráxica y 5ta vertebra lumbal con los indicadores de la composición de la canal encontramos coeficientes moderados o no significativos. La capacidad de predicción de las ecuaciones de regresión lineal del peso de la canal caliente, peso de la canal oreada y peso de los cortes de primera varió sustancialmente. Donde se incluyó el peso vivo antes del sacrificio fué superior (R^2 = 0.96, 0.95 y 0.87), en el caso donde se excluyó fué inferior (R^2 = 0.74, 0.74 y 0.47). Los resultados obtenidos alientan su utilización como posible técnica predictoria de la composición de la canal bovina.

2.- INTRODUCCIÓN

La canal representa el producto final de la producción del ganado de carne. De ahi que   determinar objetivamente la composición de una canal sea de gran importancia para muchos campos de la producción animal, pero muy particularmente para la mejora genética animal. Los sistemas de clasificación de canales actualmente utilizados califican la conformación, pero estan muy poco relacionados con la composición real de éstas Martin et al. (1993), por lo que pierden objetividad y se tornan insuficientes. En la actualidad el único medio eficáz con que constamos para determinar con exáctitud la composición de una canal es el despieze. No obstante, éste requiere del sacrificio de los animales, inversiones en medios técnicos y fuerza de trabajo, también inplica perdida de tiempo. Esto significa que carecemos de un sistema óptimo capáz de establecer con exátitud la composición de la canal a un coste y tiempo admisible. Éste hecho a servido de estímulo en la busqueda de nuevos y actuales sistemas de clasificación y predicción de la composición de la canal.

La posible solución a esta problemática, se busca en las tecnologías actuales. La ultrasonografia como posible técnica de predicción de la composición de la canal ha sido objeto de estudios durante décadas por muchos autores, en los inicios Temple et al. (1956), Campbell et al. (1971), Tulloh et al. (1973) y en la actualidad Bugiwati et al. (1999), Polák et al. (1999), Blanco Roa et al. (2001), Melo et al. (2001) y otros. Todos correlacionaron ya sea el espesor múscular, espesor de la grasa dorsal, área del músculo longissimo dorsi medidos con ultrasonidos con los indicadores de la composición de la canal. Obteniendo resultados alentadores sobre todo en los últimos trabajos de investigación, esto es debido principalmente a la depuración de la técnica y a la alta precisión de la tecnología moderna.

El objetivo de este trabajo fué evaluar las mediciones con ultrasonidos de espesor múscular en animales vivos, como técnica de predicción de la composición de la canal in vivo.

3.- MATERIAL Y MÉTODOS

En el experimento fueron utilizados toros de tres razas bovinas, braunvieh (B), pinzgauver (P) y holstain (H) en cantidad de 12, 25 y 14 animales respectivamente. Los animales procedían de diferentes fincas ganaderas de la región norte de la república de Eslovaquia. A la edad apróximada de 20 días fueron trasladados a la finca ganadera experimental del instituto de investigación para la producción animal, donde permanecieron bajo un regimen alimentario consistente en 10 lts de solución de leche en polvo, heno de alfalfa y alimento concentrado ad libitum hasta el destete. Luego fueron entabulados bajo un regimen estándar de alimentación consistente en ensilaje de maíz, heno de alfalfa y alimento concentrado hasta la edad media de 430 días, cuando fueron sometidos a la medición de espesor mucular utilizando un trasductor de 3,5 MHz - UST - 5044 conectado a un aparato de ultrasonidos Aloka - SSD 500. Veinte minutos antes de la medición se aplicó a cada animal por via intramuscular sedativo xylazinum al 2 % de concentración y en dosis de 0,25 cc por cada 100 kg de peso vivo, con el objetivo de facilitar la faena y evitar posibles errores en la medición causados por movimientos excesivos de los animales. Los puntos de medición fueron rasurados e inpregnados de gel para facilitar la transmisión de las ondas de ultrasonidos.

Las mediciones de espesor muscular fueron realizadas en cinco puntos de la anatomía animal. En la región del músculo infraspinato ubicado en la paleta apróximadamente 30 cm bajo la cruz, el trasductor se colocó perpendicularmente y en sentido cranial - caudal; en la 7ma vertebra thoráxica, 13^{ava} vertebra thoráxica y 5ta vertebra lumbal se midió el espesor del longissimo dorsi y finalmente en la pierna en la región del músculo gluteo superficial. En los últimos cuatro casos el trasductor se colocó perpendicularmente y en sentido dorsal - ventral. Las mediciones se repitieron cuatro veces en todos los sitios, luego se calculó la media de estos valores. Al final de la faena de medición se obtuvo el peso vivo y medidas corporales de cada animal.

Los animales fueron sacrificados a los 440 días de media, en el matadero experimental del instituto de investigación para la producción animal de la república de Eslovaquia. Inmediatamente después del sacrificio se obtuvo el peso de la canal caliente y 24 horas más tarde el peso de la canal oreada. La parte derecha de la canal fué despiezada, obteniendo, el peso de los cortes de primera (cortes de la pistola, espalda y aguja), del total de carne en la media canal , de la grasa total y hueso total.

El rendimiento de la canal fué calculado mediante el cociente multiplicado por cien del peso de la canal caliente respecto al peso vivo. Se calcularon las medias y desviaciones stándard de las medidas de las caracteristicas de la composición de la canal analizadas. Para el análisis estadístico se utilizaron los procedimientos REG y STEPWISE de SAS (SAS/ STAT 6.12). Para las comparaciones interraciales de las medias de las mediciones ecográficas y de los datos obtenidos en el despiece se utilizó el método de Scheffé. Se calcularon las correlaciones entre las mediciones ecográficas y las medidas de las caracteristicas de la composición de la canal y dos modelos de ecuaciones de regresión lineal para predecir el peso de la canal caliente, peso de la canal oreada y peso de los cortes de primera. Utilizando en el primer modelo las mediciones ecográficas de espesor múscular y en el segúndo modelo además de éstas el peso vivo antes del sacrificio, según el siguiente modelo general:

$Y_i = B_o + B_1 X_1 + B_2 X_2 + e_i$

Donde:

B_o - es el factor absoluto

B_1 - es el coeficiente de regresión lineal parcial de dependencia de las caracteristicas observadas sobre el peso vivo.

B_2 - el el coeficiente de regresión lineal parcial de dependencia de las caracteristicas observadas sobre las mediciones ecográficas.

e_i - es errores casuales

Al calcular los modelos sin el uso del peso vivo antes del sacrificio la variable independiente peso vivo antes del sacrificio no fué tomada en consideración.

4.- RESULTADOS Y DISCUSIÓN

Las medias y desviaciones stándard del peso vivo antes del sacrificio, rendimiento de la canal y medidas de las características de la composición de la canal de las tres razas analizadas se muestran en la tabla I. Cómo se puede observar las medias obtenidas fueron muy similares entre sí, dada la alimentación stándard y que el sacrificio se efectuó prácticamente a la misma edad para todos los animales. La media más alta del peso vivo antes del sacrificio corresponde al grupo de la raza pinzgauver 460 kg, con un rendimiento medio de la canal de 53,58 %, mientras que el grupo de la raza braunvieh presento la media más baja 451,83 kg, con un rendimiento medio de la canal de 53,61%. La diferencia más marcada la encontramos entre las medias del peso de la carne total en la media canal de las razas pinzgauver (90,33 kg) y holstain (88,33 kg). lo que está relacionado al hecho que la composición de la canal de la raza holstain presenta mayor porcentaje de grasa y hueso y menor porcentaje de musculatura Chrenek et al. (1996) y Nosaľ et al. (1999). La comparación entre razas de las medias mediante el método Scheffé muestra que las diferencias fueron no significativas (P > 0.05).

De las mediciones ecográficas se deduce que hay diferencias de espesor muscular entre las razas en todos los puntos de medición. Asi la media más alta de espesor muscular encontrada en la región del músculo infraspinato corresponde al grupo de la raza braunvieh 48,97 mm, en contraposición de 42,04 mm para el grupo de la raza holstain. La medición ultrasonográfica en la región del músculo infraspinato se realizó con mucha precisión, dado que presenta poco espesor muscular, lo que permite capturar imágenes de alta calidad Blanco Roa et al. (2001). El mayor espesor del longissimo dorsi en la 7ma vertebra thoráxica corresponde al grupo de la raza pinzgauver (92 mm), un poco menos (87,3 mm) corresponde al grupo de la raza braunvieh y 80,79 mm para el grupo de la raza holstain. Las medias más altas de espesor del longissimo dorsi en la 13^{ava} vertebra thoráxica y 5ta vertebra lumbal fueron para el grupo de la raza pinzgauver 64,46 mm y 63,80 mm respectivamente. Lo que sugiere que los animales de la raza pinzgauver poseen los lomos más robustos en el marco de las tres razas analizadas en este trabajo, estos resultados eran esperados, puesto que la raza pinzgauver presenta un desarrollo muscular más fuerte en la región dorsal Kica et al. (2000). La medición ecográfica en la región del músculo gluteo superficial fue la siguiente: Raza pinzgauver 87,79 mm, braunvieh 85,47 y holstain 82,93 mm. Las comparación de las medias de las mediciones ecográficas mediante el método Scheffé fueron significativas ó altamente significativas (P < 0.01), excepto la comparación de las medias correspondientes a las mediciones en el músculo glúteo superficial tabla II. La precisión de las mediciones de espesor muscular con ultrasonidos depende de muchos factores, entre los más importantes podemos mencionar, la calidad y capacidad del aparato de ultrasonidos, la experiencia del operador y el espesor del punto a medir Demo et al. (1993). Según Hamlin et al. (1995) todos estos factores unidos al número de observaciones pueden influenciar los resultados estadísticos. No obstante los resultados de nuestras mediciones ecográficas sugieren que con esta técnica es posible establecer con poco margen de error las diferencias de conformación i/o desarrollo muscular existentes entre animales o grupos raciales, pudiendo las mediciones de espesor muscular ser tomadas en cuenta, como factor objetivo a la hora de calificar i/o clasificar las canales bovinas o característica de selección en la mejora del bovino cárnico u otras especies de animales domésticos sujetos a mejora.

Los más altos coeficientes de correlación fueron encontrados al correlacionar el peso de la canal caliente y peso de la canal oreada con el espesor del longissimu dorsi medido en la 7ma vertebra thoráxica de los animales del grupo de la raza braunvieh r = 0.85 (P < 0.01) en ambos casos, estos resultados son similares a los presentados por Sloniewski et al. (1997) y Waldner et al. (1992), las demás correlaciones calculadas para el grupo de la raza braunvieh fueron moderadas (P < 0.05). En el grupo de la raza holstain encontramos correlaciones altamente significativas (P < 0.01) entre el espesor del longissimu dorsi en la 7ma vertebra thoráxica y las medidas de la canal. Para el grupo de la raza pinzgauver fueron altamente significativas las correlaciones entre el espesor medido en la región del musculu gluteo superficial y las medidas de la canal tabla III.

Se evaluó la posibilidad de predecir el peso de la canal caliente, peso de la canal oreada y peso de los cortes da primera utilizando las mediciones ecográficas en modelos de ecuaciones de regresión con resultados de moderados a altos $R^2 = 0.33 - 0.74$. Al incluir el peso vivo antes del sacrificio como variable independiente en las ecuaciones de predicción se produce un aumento significativo en la capacidad de predicción $R^2 = 0,71 - 0,96$ tabla IV. En este sentido Walder et al. (1992) indican que la inclusión del peso vivo antes del sacrificio en los modelos de predicción produce un aumento mínimo del R^2 del 2 %, mientras que Sloniewski et al. (1997) dicen haber encontrado un aumento mínimo del R^2 del 5 % en comparación con los modelos donde se incluían solo las mediciones ecográficas. Los cálculos de predicción en nuestro trabajo indican que los modelos de ecuaciones donde se incluye solamente las mediciones ultrasonográficas tienen suficiente poder de predicción del peso de la canal caliente y peso de la canal oreada en el caso de las razas braunvieh y holstain ($R^2 = 0.74$) y no así, para el grupo de la raza pinzgauver, lo que puede estar relacionado con las diferencias de musculatura existentes entre razas, pero también al diferente número de observaciones realizadas para cada raza. Al incluir el peso vivo antes del sacrificio estas ecuaciones se tornan viables y con suficiente poder para predecir el peso de la canal caliente, peso de la canal oreada y peso de los cortes de primera, para todas las razas aquí analizadas.

En resumen podemos constatar que el espesor del longissimus dorsi en la 7ma vertebra thoráxica y el espesor muscular en la región del músculus glúteus superficialis pueden ser considerados como posibles buenos predictores del peso de la canal caliente, peso de la canal oreada y peso de los cortes de primera de la canal bovina. No obstante sería recomendable continuar en la investigación, repetir estudios similares con mayor número de animales para optimizar las ecuaciones de predicción de la composición de la canal bovina

5.- LITERATÚRA

BUGIWATI, A. R., HARADA, H. D., FUKUHARA, R.: Effects of genetic and environmental actor son ultrasonic estimates of carcass traits of Japanese Broun cows. Asian – Australian J. Anim. Sci. 12, 1999, 4, s. 506 – 510.

BLANCO ROA, N. E., HUBA, J., HETÉNYI, L., DEMO, P., SLONIEWSKI, K., POLÁK, P.: Využitie sonografie pre stanovenie hrúbky svalov na rôznych častiach tela výkrmových býkov rôznych plemien. Journal of Animal Science 34, 2001, s 215 – 221

CHRENEK, J.: Exteriérový profil býkov plemena slovenského strakatého, holštajnizovaného čiernostrakatého a ich krížencov. J. of Farm Anim. Sci.29, 1996, s. 15-22.

DEMO, P., KRŠKA, P., POLTÁRSKY, J., BORECKÝ.: The use of an echocamera for in vivo prediction of some carcass characteristics in pig. Živoč. Výr. 38, 1993, s. 645 – 654.

HAMLIN, K. E., GREEN, R. D., PERKINS, T. L., CUNDIFF, L. V., MILLER, M. F.: Real – Time ultrasonic measurement of fat thickness and longissimus muscle area: Description of age and weight effects. J. Anim. Sci., 73, 1995, s. 1713 – 1724.

MARTIN, T.G., ALENDA, R., CABRERO, M.: Predicción de la composición de la canal en razas de ganado vacuno Rubia Gallega y Asturiana. II. Por simples medidas en la canal. Investigación Agraria, 8. 1993, 1, p. 65 – 73.

MELO, L., CASTILLO, J. L., MIQUEL, M.C., ERIAS, A., J. PORTEYRO IBARRA., MIRANDE, S.: Mediciones con ultrasonidos de espesor de grasa abdominal en pollos parrilleros para estimación de su peso y proporción. Investigación agraria, 16, 2001, 1, p. 127 – 134.

NOSÁĽ, V., ZAUJEC, K., MOJTO, J., PAVLIČ, M., HUBA, J.: Jatočná kvalita teliat rôznych úžitkových typov z pohľadu klasifikačného systému EUROP. J. of Farm Anim. Sci.32, 1999.s. 139-144.

POLÁK, P., SLONIEWSKI, K., SAKOWSKI, T., HUBA, J., PEŠKOVIČOVÁ, D., BLANCO ROA, E. E.:Odhad jatočnej hodnoty holštajnských býkov in vivo pri použití ultrasvukovej sonografie. Journal of Farm Ani. Sci. 31, 1999, s. 121 – 126

SLONIEWSKI, K.: Ocena wartošci buhajów ras miasnych na podstavie rodzeňstwa uzyskanego metoda MOET. IGIHZ PAN Jasterzebiec, 1997.

TULLOH, N.M., TRUSCOTT, T. G., LANG, C.P.: An evaluation of the scanogram for predicting of carcass composition of live cattle. A report submitted to Australian meat boart. 1973.

TEMPLE, R. S., H. H. STONAKER., D. HOWRY., G. POSAKONY, AND M. H. HAZELEUS. 1956. Ultrasonic and conductivity methods for estimating fat thickness in live cattle. Proc. West. Sect. Am. Soc. Anim. Prod. 7:477

WALLACE, M. A., STOUFFER, J. R., WEATERVELT, R. G.: Relationships of ultrasonic and carcass measurements with retaily yiel in beef cattle Liv. Prod. Sci. 4, 1977, 153 – 164

WALDNER, D.N., DIKEMAN, M.E., SCHALES, R.R., OLSON, W.G., HOUGHTON, P.L.,

UNRUH, J.A., CORAH, L.R.: Validation of Real – Time Ultrasound Technology for Predicting Fat Thicknesses, Longissimus Muscle Areas and Composition of Brangus Bulls from 4 Months to 2 Years of Age. J. Anim. Sci., 70, 1992, s 3044-3054.

6.- TABLAS

I. Medias y desviaciones stándard de los carácteres de la ceba y de la composición de la canal
Means and standard deviations of fattenig ability and carcass value

[1]Carácter	P n = 25		H n = 14		B n = 12	
	$\bar{x}$	s	$\bar{x}$	s	$\bar{x}$	s
[2]Peso vivo antes del sacrificio(kg)	460,44	32,75	453,37	35,48	451,83	57,96
[3]Rendimiento(%)	53,58	1,59	52,44	1,43	53,61	1,59
[4]Peso de la canal caliente (kg)	246,82	19,18	237,71	20,29	242,33	32,32
[5]Peso carne total en la media canal (kg)	90,33	7,56	84,00	7,82	88,33	12,29
[6]Peso de los cortes de primera (kg)	47,15	4,16	44,95	4,17	47,73	6,79

P - pinzgau, H - holštajn, B – braunvieh;   P - Pinzgau, H - Holstein, B - Braunvieh

[1]Parameter, [2]Live weight at slaughter (kg), [3]Dressing percentage (%), [4]Weight of warm carcass(kg), [5]Weight of meat in carcass side(kg), [6]Weight of 1st class meat

II. Medias y desviaciones stándard de las mediciones ecográficas (mm)
Means and standard deviations of measured sonographically (mm)

[1]Sitios de medición	P n = 25		H n = 14		B n = 12		[7]Significación de diferencias de las mediciones ecográficas entre razas
	$\bar{x}$	s	$\bar{x}$	s	$\bar{x}$	s	
[2] Musculus infraspinatus (mm)	48,51	5,87	42,04	4,49	48,97	4,95	B: H [+], P : H [++]
[3]7ma vertebra thoráxica (mm)	92,00	5,29	80,79	6,24	87,34	6,08	P : H [++]
[4]13 ava vertebra thoráxica(mm)	64,46	4,15	53,94	4,23	62,34	4,21	P,B : H [++]
[5]5ta-vertebra lumbal (mm)	63,80	4,01	52,27	2,81	60,40	6,64	P,B : H [++]
[6]Musculus gluteus superficialis	87,7	6,61	82,93	7,37	85,47	8,37	

+ P < 0,05, ++ P < 0,01

P - pinzgau, H - holštajn, B – braunvieh;   P - Pinzgau, H - Holstejn, B - Braunvieh

[1]Parameter, [2]muscle depth at shoulder (mm), [3]muscle depth behind the shoulder (mm), [4]muscle depth on last breast vertebra (mm), [5]muscle depth on last lumbal vertebra (mm), [6]muscle depth on ischium (mm), [7]Significance of differences in sonographic measures among breeds

III - Coeficientes de correlación lineal entre las carácteristicas de la composición de la canal y los espesores musculares medidos con ultrasonidos

Linear correlations coefficients between carcass characterictics and sonographical thicknees of muscle

[1]Espesor muscular medido con ultrasonidos	[7]Raza	[8]Peso de la canal caliente	[9]Peso de la canal oreada	[10]Peso cortes de primera	[11]Peso carne total en la media canal
	B	0,68+	0,68+	0,49-	0,61+
[2]Musculus infraspinatus	H	-0,21-	-0,22-	-0,28-	-0,25-
	P	-0,01-	-0,01-	-0,09-	0,63++
	B	0,85++	0,85++	0,71++	0,83++
[3]7ᵐᵃ vertebra thoráxica	H	0,66++	0,66++	0,75++	0,71++
	P	0,31-	0,30-	0,28-	-0,03-
	B	0,54+	0,54+	0,53+	0,53+
[4]13ᵃᵛᵃ vertebra thoráxica	H	0,45-	0,46-	0,56+	0,52+
	P	0,17-	0,16-	0,20-	0,21-
	B	0,59+	0,58+	0,59+	0,61+
[5]5ᵗᵃ vertebra lumbal	H	0,34-	0,35-	0,42-	0,40-
	P	0,14-	0,13-	0,13-	0,12-
	B	0,66+	0,66+	0,62+	0,67+
[6]musculo gluteo superficial	H	0,73++	0,73++	0,67++	0,61+
	P	0,68++	0,68++	0,57++	0,64++

P - Pinzgau, H - Holstain, B - Braunvieh

[1] Sonographical thicknees of muscle, [2] On os acapula, [3] On 7th thoracis vertebra, [4] On 13th thoracis vertebra, [5] On 5th lumbal vertebra, [6] On os ischia, [7] Breed, [8] Hot carcass weight, [9] Cold carcass weight, [10] weight of meat in valuable cuts in carcass, [11] Lean weight in carcass side

IV - Modelo de regresión lineal utilizando las mediciones ecográficas de espesor muscular.

Linear regression model including sonographical measurements of thickness muscle

[1]Carácter	[5]Raza	[6]Factor absoluto	[7]Peso vivo antes del sacrificio	[8]Espesor muscular en el musc.infraspinato	[9]Espesor muscular en la 7ma vertebra thoráxica	[10]Espesor muscular en la 13[ava] vertebra thoráxica	[11]espesor muscular en la 5ta vertebra lumbal	[12]Espesor muscular en el músculo gluteo superfic.	R^2
[2]Peso de la canal caliente	B	1,76	-	-	2,75	-	-	-	0,74
	H	-17,98	-	-	1,53	-	-	1,59	0,74
	P	68,5	-	-	-	-	-	2,02	0,47
[3]Peso de la canal oreada	B	2,17	-	-	2,70	-	-	-	0,74
	H	-19,03	-	-	1,50	-	-	1,59	0,74
	P	64,8	-	-	-	-	-	2,01	0,46
[4]Peso de los cortes de primera	B	5,35	-	-	0,49	-	-	-	0,52
	H	-9,42	-	0,40	-	-	-	0,27	0,77
	P	15,09	-	-	-	-	-	-	0,33

p<0,05 resp. 0,01, P - Pingau, H - Holstein, B - Braunvieh

[1] Carcass characteristic, [2] Hot carcass weight, [3] Cold carcass weight, [4] weight of 1st meat in in carcass, [5] Breed, [6] intercep, [7] Live weight before slaughter, [8] Thickness muscle on os scapula, [9] Thickness muscle on 7th thoracis vertebra, [10] Thickness muscle on 13th troracis vertebra, [11] Thickness muscle on 5th lumbal vertebra, [12] Thickness muscle in os ischia

V - Modelo de regresión lineal utilizando el peso vivo y los espesores musculares medidos con ultrasonidos

Linear regression model including live weight before slaughter and sonographical measurements of thickness muscle

[1]Carácter	[5]Raza	[6]Factor absoluto	[7]Peso vivo antes del sacrificio	[8]espesor muscular en el músc.infraspinato	[9]Espesor muscular en la 7ma vertebra thoráxica	[10]Espesor muscular en la 13^{ava} vertebra thoráxica	[11]Espesor muscular en la 5ta vertebra lumbal	[12]Espesor muscular en el músculo gluteo superfic.	R^2
[2]Peso de la canal caliente	B	-27,09	0,51	-	-	-	0,63	-	0,96
	H	-44,49	0,47	-	0,86	-	-	-	0,95
	P	- 2,90	0,54	-	-	-	-	-	0,87
[3]Peso de la canal oreada	B	-25,90	0,5	-	-	-	-	-	0,96
	H	-45,67	0,47	-	0,83	-	0,60	-	0,95
	P	-5,88	0,54	-	-	-	-	-	0,86
[4]Peso de los cortes de primera	B	-1,35	0,10	-	-	-	-	-	0,75
	H	-13,67	0,08	-	0,29	-	-	-	0,90
	P	-1,09	0,10	-	-	-	-	-	0,71

P<0,05 resp. 0,01, P - Pingau, H - Holstein, B - Braunvieh

[1] Carcass characteristic, [2] Hot carcass weight, [3] Cold carcass weight, [4] weight of 1st meat in carcass, [5] Breed, [6] intercep, [7] Live weight before slaughter, [8] Thickness muscle on os scapula, [9] Thickness muscle on 7th thoracis vertebra, [10] Thickness muscle on 13th troracis vertebra, [11] Thickness muscle on 5th lumbal vertebra, [12] Thickness muscle in os ischia

Capítulo II

PREDICCIÓN DE LA GRASA INTRAMUSCULAR EN TOROS VIVOS UTILIZANDO ULTRASONIDO EN TIEMPO REAL Y ANÁLISIS DE IMAGEN.

P. Polák[1,3], J. A. Mendizabal[2], N.E. Blanco Roa[1], E. Krupa[1], J. Huba[1], D. Peškovičová[1] and M. Oravcová[1]

[1]Instituto de investigación para la producción animal, Nitra, República de Eslovaquia. nblanco@unanleon.edu.ni

[2]Universidad pública de Navarra, departamento de ingenieria de producción agropecuaria, Campo de Arrosadía 31006 Pamplona, España.

(Recibido 28 Nov. 2006; versión revisada 26 Nov. 2007; aceptado 15 Enero 2008)

Palabras claves adicionales

Ultrasonidos, bovino, grasa intramuscular, análisis de imagen, veteado

P. Polák, J. A. Mendizabal, N.E. Blanco Roa, E. Krupa, J. Huba, D. Peškovičová, M. Oravcová.: predicción de la grasa intramuscular en toros vivos utilizando ultrasonido en tiempo real y análisis de imagen. Journal of animal and feed sciences,17, 2008, 30 – 40.

INDICE

1.- RESUMEN

Antes del sacrificio de los animales, se les tomaron ecografías del área del músculo Longissimu dorsi (LDM) en la última vértebra toráxica a cada animal con un ultrasonido Aloka SSD-500 y sonda de 5Mhz de frecuencia. Se tomaron tres ecografías de cada toro con 60, 65 y 70% de intensidad del brillo (brillantez). Después del sacrificio de los animales se obtuvo una imagen digital de la zona del LDM correspondiente al corte transversal en la última vertebra torácica de cada animal o sea de donde realizamos la medición ecográfica. Posteriormente del mismo lugar tomamos una muestra de 150 gr para su análisis en el laboratorio. El contenido de grasa intramuscular en la muestra fue establecido con el aparato Analizer Infratec 1265. El valor de gris de la ecografía fue establecido con un análisis de imagen computarizado. Al correlacionar el contenido de grasa intramuscular obtenido en el laboratorio (FMI) con el valor de gris de las ecografías obtuvimos valores significativamente correlacionados r = 0,78 para los toros Simental Eslovaco y r = 0,60 para los toros Holstein. La proporción del área de veteado determinado en las imágenes digitales y sonogramas por el análisis de imágenes computarizado (MARB) está correlacionada significativamente con el FMI, r = 0,65. Esta correlación sólo fue significativa para los toros Simental Eslovacos. Los resultados obtenidos sugieren que la predicción del contenido de la grasa intramuscular en la carne in vivo es posible utilizando la técnica de análisis de imagen computarizado en ecografías. Se necesita investigación adicional para mejorar la precisión de la medición y para validar la aplicabilidad entre una gran variedad de razas de ganado.

<u>Palabras clave:</u> bovinos, grasa intramuscular, medición de ultrasonido, análisis de imagen, veteado.

2.- INTRODUCCIÓN

El contenido de grasa intramuscular (FMI) en la carne, contribuye significativamente a su aroma, terneza y jugosidad, durante y después de la cocción (Smith et al., 1984; Savell et al., 1986). La determinación del contenido de FMI por el método de extracción clásica, así como la evaluación del grado de veteado de la carne, que además está sometida a la variabilidad del operador, sólo puede realizarse después del sacrificio de los animales. Desde el punto de vista práctico, estos métodos son lentos y costosos y contribuyen tardíamente al proceso de evaluación de la mejora genética, que si los análisis fueran posibles realizarlos en animales vivos. También es inconveniente evaluar el grado de veteado en la carne sobre la base de una escala (por ejemplo, USDA, 1989) utilizada para clasificar las canales comercialmente en los Estados Unidos, Japón y otros lugares debido a la marcada subjetividad (factor humano) de dichas evaluaciones.

Varios trabajos han tratado de determinar el contenido de IMF y grado de veteado con ultrasonido solo o combinado con el análisis de imagen computarizado (Newman, 1987; Wilson et al., 1993; Brethour, 1994; Park et al., 1994; Hassen et al., 2001). Los resultados de diferentes autores hasta la fecha, sugieren que el método también puede utilizarse en la práctica. Por ejemplo, Brethour (1994) calcula el contenido de IMF con el método de análisis de imágenes y de ultrasonido en conjunto en 103 y 108 cabezas de ganado con un coheficiente de determinación del modelo R^2 = 0.57 y 0,53 respectivamente. Así mismo Arenque et al (1988) correlaciona datos establecidos por ecografía en un conjunto de 81 cruzas de diferentes razas bovinas (Angus, Simmental, Angus rojo, Brahman y Hereford) con datos obtenidos por análisis químico en un laboratorio y con una escala de veteado, encontrando correlaciones hasta de r = 0.75. Wilson et al., (1993) e Izquierdo et al., (1996) encontraron un rango de R^2 de 0.44 a 0.70 para diversos modelos de predicción. Hassen et al (2001) encontraron valores de R^2 desde 0.69 a 0.91 para diversos modelos de predicción del contenido de la IMF en la carne. Liu et al., (1993) y Gerrard et al., (1996) correlacionaron el grado de veteado detectado subjetivamente por un grupo de clasificadores con el contenido FMI determinado químicamente y encontraron correlaciones altamente significativas r = 0,92 y r = 0.75. Kuchida et al (1998) estimaron el contenido IMF con una precisión de R^2 = 0.91 usando el análisis de imagen y equipo de ultrasonido.

En trabajos posteriores, Kuchida et al., (2000) estima el contenido de materia grasa bruta en M. longissimus dorsi con la proporción del área correspondiente a grasa obtenida por análisis de imagen computarizada en las muestras de carne de vacuno procedente de dos estaciones experimentales. La ecuación de regresión para la predicción del contenido de grasa cruda tuvo un coeficiente de determinación de R^2 = 0.96. El análisis de covarianza mostró que los efectos de estaciones experimentales en intersecciones y pendientes no fueron significativos (P > 0.10).

El objetivo de este trabajo fue analizar las posibilidades de predecir el contenido de grasa intramuscular en LDM de toros de las razas bovinas simental eslovaco y Holstein in vivo o post-mortem mediante análisis de imagen computarizado y equipo de ultrasonido.

3.- MATERIAL Y MÉTODOS

ANIMALES

En el experimento fueron utilizados treinta toros de las razas Holstein (n = 18) y Simmental Eslovaco (n = 12). Los terneros, nacidos en diferentes rebaños de Eslovaquia, fueron trasladados a las instalaciones experimentales a la edad de aproximadamente 20 días. En el período antes del destete fueron alimentados con lacto reemplazantes en una ración promedio de 10 litros al día, heno de alfalfa y concentrado ad libitum hasta el destete a la edad de 3 meses. Durante el período de nutrición láctea, los terneros fueron alojados individualmente en boxes. Los toretes destetados fueron estabulados y alimentados con piensos estándar, raciones compuestas por mezcla de ensilaje de maíz, heno de alfalfa y concentrado, hasta el momento del sacrificio. Los animales fueron sacrificados en el matadero experimental del instituto de investigación para la producción animal en Nitra a los 15 meses de edad. El peso vivo promedio y la edad al sacrificio de los toros Holstein y Simmental eslovaco fueron: 521±8.9 kg, 490±9.0 kg y 455±7.7 días y 470±3.6 días, respectivamente.

El experimento se llevó a cabo con arreglo a las directrices para el cuidado y bienestar de los animales y fue aprobado por la comisión responsable del bienestar animal del Ministerio de agricultura y ganadería de la República Eslovaca.

ULTRASONOGRAFIA

Los sonogramas de la zona del músculo Longissimus dorsi (LDM) se realizó 10 (±3) días antes del sacrificio, utilizando un aparato Aloka SSD-500 eco-camera con una sonda de UST-5871-5 (5 Mhz, 64 mm). Aproximadamente 20 minutos antes del ultrasonografiado se les inyectó a los toros el sedativo Rometar a una dosis de 0.25 ml por 100 kilogramos de peso vivo para evitar posibles errores causados por movimiento excesivo de los toros durante la medición. El punto de escaneo se preparó afeitando la piel, como medio de contacto se aplicó gel acústico para permitir que las ondas de ultrasonido pasaran de la sonda a los tejidos del animal experimental. La posición correcta de la sonda fue entre la XIII vértebra torácica y primera vértebra lumbar, vertical a la columna vertebral.

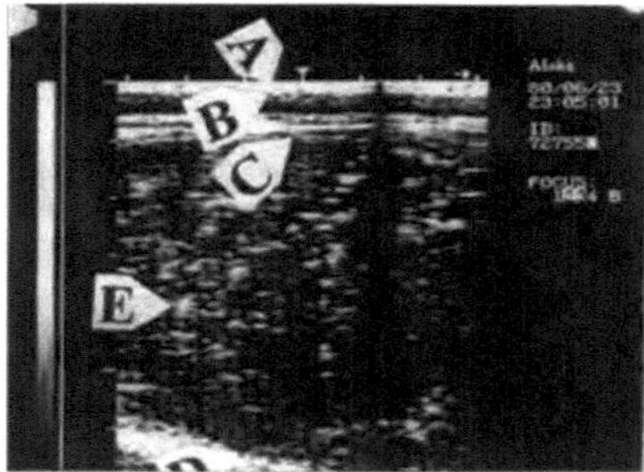

Figura 1. Descripción de la ecografía. A-B piel, B-C espesor de la grasa subcutánea, C-D espesor del músculo, E grasa infiltrada intramuscular o veteado.

Una vez que la imagen transversal de la zona del LDM se proyectó en la pantalla del monitor se procedió a calibrar la imagen para obtener el brillo apropiado y necesario para la determinación de los tejidos (tejido adiposo subcutáneo, músculo, grasa intramuscular y hueso) (Figura 1). Tres niveles de intensidad de brillo (brillantez) (60, 65 y 70%) se utilizaron para producir los sonogramas. Las ecografías fueron impresas usando un procesador Mitsubishi SSZ-305/305 Video Copy E y digitalizadas por un escáner.

IMÁGENES DIGITALES Y ANÁLISIS DE LABORATORIO

La disección de la mitad derecha de la canal se realizó 24 h después del sacrificio. Se obtuvieron los cortes transversales del lomo (músculo *Longissimus dorsi*) entre la XIII torácica y primera vértebra lumbar, en el mismo lugar donde fueron tomados los sonogramas. La superficie del corte se secó con papel de filtro y se tomo una imagen digital con una cámara Nikon 70 F

Se tomó una muestra del LDM del mismo lugar antes mencionado con un peso aproximado de 150 g para análisis de laboratorio. Para determinar el contenido de grasa intramuscular se utilizó el analizador de carne Infratec 1265.

ANÁLISIS DE IMÁGEN COMPUTARIZADA EN SONOGRAMAS

El análisis de imagen computarizada se realizó en cooperación con el Departamento de producción Animal de la Universidad pública de Navarra (1996) de Pamplona (España), usando el software óptimas versión 6.5. Cada imagen de ultrasonido fue analizada por dos métodos diferentes, uno que cubre toda la zona, el otro basado en tres pequeñas áreas de interés (ROI):

1. Toda el área del LDM
Se marcó la línea de límite de la zona del LDM en la imagen de ultrasonido. Se midió el valor de gris de la zona marcada. El valor de gris es un número en el intervalo de 0 a 255, que representa el grado de color de un píxel y viene dada por el software durante el procesamiento de un píxel determinado. El análisis de imagen computarizada se basa en la digitalización de la imagen, es decir, se convierte la imagen en un conjunto de puntos (píxeles) que se identifican mediante el software según sus coordenadas y umbral.

El valor del umbral promedio de todos los puntos que se encuentran en una determinada área analizada de una imagen de ultrasonido se denomina valor de gris o grado de gris. El valor de esta medida puede variar de 0 a 255 grados de Gris; 0 representa coloración de 100% negro y 255 representa el 100% coloración blanco en la imagen. En la ecografía del LDM, el color negro representa el tejido muscular y el color blanco la grasa intramuscular, grasa subcutánea, huesos y los vasos capilares.

La medición del valor gris se realizó en todos los tres sonogramas y fotos de cada animal. Los valores obtenidos fueron designados como INT-3- 60%, INT-2- 65% y INT-1- 70% de la intensidad de brillantez del ultrasonido y utilizados en el análisis estadístico de este trabajo.

2. El método ROI
La región de interés (ROI) se midió según Hassen et al., (1999) con algunas modificaciones. En resumen, tres áreas más pequeñas de idéntico tamaño 100 × 100 píxeles (ROI) en toda la zona del LDM se seleccionaron y marcaron en cada ecografía. El área ROI fue seleccionada de manera de ser localizadas en todas las fotos y sonogramas en el mismo lugar y para lograr la coloración más homogénea y difusión en el área determinada. Las áreas de coloración demasiadas blancas se separaron porque corresponden a los vasos capilares. Posteriormente, se midieron los valores de gris para cada ROI. En el análisis estadístico se utilizó el valor promedio de tres ROI de un sonograma. El valor promedio de tres ROI de un sonograma obtenido con la intensidad de brillo 70% fue etiquetada como ROI-1, la del 65% de intensidad de brillo como ROI-2 y la del 60% de intensidad de brillantes del ultrasonido como ROI-3.

ANÁLISIS DE IMAGEN COMPUTARIZADO DE LAS IMÁGENES DIGITALES

En las imágenes digitales se midió la proporción del veteado en la superficie total del LDM. Como las imágenes digitales están en rojo, verde y azul, podemos cambiar el matiz de estos colores para obtener el efecto deseado (contraste de colores) en la figura, para que sea posible para el programa marcar las vetas del veteado del músculo casi automáticamente. Después de cada operación se verificó si el programa realizó correctamente la marca, e hicimos ajustes en los casos necesarios. En las figuras 2 y 3 se muestran imágenes procesadas. Los datos obtenidos de esta manera se utilizaron en el análisis estadístico bajo el título MARB.

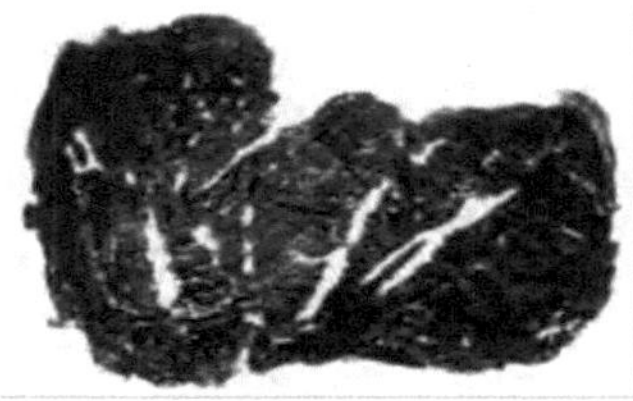

Figura 2. Digitalización de la imagen para la evaluación del veteado

Figura 3. El mapa de colores en la escala de color RGB (rojo, verde y azul) fue cambiado para que quedara el color blanco solamente, es decir el veteado

Análisis Estadístico

Se calcularon las estadísticas básicas de los valores medidos de ambas razas. Las diferencias estadísticas significativas entre razas fueron probadas por el t-test. Posteriormente se calcularon los coeficientes de Pearson de correlación lineal entre el contenido de grasa intramuscular en LDM de los toros determinado con el aparato INFRATEC y los valores encontrados mediante el análisis de imagen computarizado de los sonogramas e imágenes digitales. El análisis estadístico se calculó mediante los procedimientos contenidos en el paquete estadístico SAS (2002).

4.- RESULTADOS y DISCUSIÓN

Las estadísticas básicas de las variables analizadas y los resultados de la prueba de t – test se muestran en las tablas 1 y 2. El contenido promedio de IMF detectado con el aparato INFRATEC para ambas razas fueron similares: 2,17% para la raza Holstein y 2,39 % para la raza Simental Eslovaco. Sin embargo, las diferencias entre los valores mínimos y máximos de contenido de grasa intramuscular marcaron 2,40% más en Holstein, en comparación con el 2% del Simental Eslovaco. Las proporciones de las áreas del veteado detectadas por análisis de imágen computarizada (MARB en las imágenes digitales del LDM, también fueron similares en ambas razas: 2,37% para la raza Holstein y 2,55% para la Simental Eslovaca. Las diferencias entre razas fueron altamente significativas para INT-1 y INT -3 y significativo para INT-2. Las diferencias entre razas fueron altamente significativas para ROI-3, importantes para el ROI-2 y no – significativas para ROI-1.

Los coeficientes de correlación entre los valores de gris medios obtenidos por análisis de imagen computarizado de los sonogramas del músculo *Longissimus* utilizando toda la zona (INT) y el método de región de interés (ROI) se muestran en la tabla 3. También se observó una relación entre INT y ROI. Los coeficientes de correlación entre INT-1 y ROI-1 fueron 0.90 para la raza holstain y 0,68 para la Simental Eslovaco. Asimismo, los coeficientes de correlación entre INT-2 y ROI-2 fueron 0.95 para los holstain y 0,77 para los Simental Eslovacos, la correlación entre INT 3 y ROI-3 fue 0.88 para los holstain y 0,94 para los Simental Eslovacos. Los coeficientes de correlación entre pares de ROIs y INTs aumentaron con el crecimiento de la intensidad de ultrasonido (brillantez) en el grupo de los toros Simental Eslovaco. En toros Holstein, el coeficiente de correlación entre INT-2 y ROI-2 fue el más alto. Esto significa que el coeficiente de correlación entre rasgos del INT y de ROI eran significativas o muy significativas en ambas razas. Las correlaciones entre el peso antes de sacrificio (WBS) y del ROI y INT de todas las intensidades fueron no significativas en cada una de las razas.

Los coeficientes de correlación entre el FMI, MARB, enteros y ROIs de Holstein y toros Simmental Eslovacos están en la tabla 4. Se encontraron coeficientes de correlación altamente significativos (r = 0,60 para Holstein y r = 0.79 para razas Simental Eslovaca) entre el FMI y el INT-1. Las correlaciones entre el FMI y el INT-2 y el INT-3 fueron no significativas. Cuando reemplazamos los INT-1, INT-2 y 3 de INT por los valores de ROI-1, ROI – 2 y ROI-3, encontramos coeficientes de correlación altamente significativos entre el FMI y ROI-1 para el grupo de animales Holstein (r = 0.68). Los coeficientes de correlación entre FMI y ROI-1 en el grupo de toros Simental Eslovaco fueron medios (r = 0.50). Encontramos un coeficiente de correlación significativo entre el FMI y MARB (r = 0.65) para el grupo de toros Simental Eslovaco. En contraste, el coeficiente de correlación entre el FMI y MARB de los toros Holstein no fue significativo.

Los coeficientes de correlación entre datos de ultrasonido y FMI obtenidos en el presente trabajo son comparables a los resultados publicados por Brethour (1994), r = 0.27-0.55 (R^2 = 0.53-0.57), Izquierdo et al (1996), r = 0,60 (R^2 = 0.50-0,59) y Hassen et al (2001), r = 0,33-0,53 (R^2 = 0,69). Liu et al., (1993) y arenque et al (1998) que mencionan los más altos coeficientes de correlación. También existen obras con coeficientes de correlación marcadamente menores entre datos de ultrasonido y el FMI, por ejemplo, Kriese (1996), r = 0.34.

Pueden haber varias causas para las diferencias de resultados entre los autores. De acuerdo con Houghton y Turlington (1992) los resultados obtenidos mediante este método dependen primeramente de la calidad de los sonogramas. Hassen et al (2001) señalan que la calidad de los sonogramas depende del tipo de aparato de ultrasonido y del proceso de digitalización del sonograma usado. Rantanen y Ewing (1981) y Bjorton (1985) reportaron que el tipo y frecuencia de la sonda utilizada tienen gran influencia en la calidad de las imágenes de ultrasonido. También el movimiento de los animales mientras se toman las imágenes (Brethour, 1990) y la experiencia del operador según (McLaren et al., 1991) son factores que son decisivos para la calidad de los sonogramas y su posterior procesamiento.

Otro factor importante es la interpretación correcta de las ecografías con el fin de distinguir correctamente los tejidos (tejido adiposo subcutáneo, músculo, los capilares sanguíneos, la grasa intramuscular y huesos) para la posterior aplicación del análisis de imagen computarizado (Amin et al., 1995; Kriese, 1996).

Nuestros resultados indican que la significancia estadística de la correlación entre el FMI en el LDM y valor gris de las imágenes depende en gran medida del contenido de FMI en el músculo de los animales de las razas estudiadas y la magnitud de la diferencia entre sus valores mínimos y máximos. Cuanto mayor sea la media relativa de contenido de FMI y cuanto mayor sea la diferencia entre los valores mínimos y máximos de FMI en una determinada población, mayores serán las correlaciones detectadas y viceversa.

Cuando se compararon los valores medios de FMI en la carne de varias razas estadounidenses, el contenido de la IMF fue de 5.28% (Gerrard et al., 1996); en razas japonesas el contenido de la IMF fue 5% para el negro japonés y 8% para Shorthorn japonés (Kuchida et al., 1992). Los valores encontrados en las razas europeas,(incluyendo las razas Eslovacas y Españolas), son notablemente inferiores. Por ejemplo, en la Española Asturiana el contenido de FMI fue 2,2% (Goñi et al., 1999) y en la Simental Eslovaca fue de 1,5% (Zaujec et al., 2003).

Ender et al (1997) reportaron un valor promedio del contenido de la IMF de 2,2% en razas europeas, con el intervalo más común de mínimo (1,2%) y máximos (3,2%), siendo el 2% la constante real que se encuentra en los valores de contenido de IMF. En nuestro experimento encontramos diferencias de (1,3 a 3,7%) lo que es muy pequeña en comparación con los valores de razas americanas y japonesas que mostraban marcadamente mayores intervalos (de 3 a 10%). Esto podría explicar en parte por qué los coeficientes de correlación en este trabajo fueron inferiores a los reportados por autores americanos y japoneses.

Una fuente adicional de variabilidad en los resultados podría ser el uso de diferentes métodos. Mientras que en el estudio de Hassen et al., (1999), los sonogramas se tomaron longitudinalmente, en este estudio los sonogramas se tomaron transversalmente, midiendo el valor de gris del tres ROI y usando su promedio en el análisis estadístico. Considerando que las fibras musculares y los capilares se colocan a lo largo del músculo (la mayor cantidad de grasa intramuscular está concentrada alrededor de los capilares), la sección transversal del músculo debe ser más representativa que una longitudinal. Desde este punto de vista, los resultados presentados en este estudio podrían ser más objetivos.

CONCLUSIONES

Los resultados muestran que los grados de intensidades de brillo (brillantez) de 60 y 65% por el aumento de capacidad total de brillantez en el echo-camera son insuficientes para la predicción del contenido de la IMF en el MLD; por lo tanto, no pueden recomendarse intensidades inferiores a estas. Por otro lado, con una intensidad de brillantez del 70% del capacidad total se detectaron correlaciones aceptables con capacidad de predecir el contenido de la IMF. Es probable que coeficientes de correlación más altos podrían obtenerse utilizando una intensidad de brillantez superior al 70%. Podría verse una cierta tendencia proporcional: cuanto mayor sea la intensidad de brillantez utilizada, mayor será la capacidad predictiva obtenida y viceversa no obstante el efecto escarcha; por lo tanto, es necesario continuar las investigaciones con intensidades superiores al 70% para confirmar o descartar definitivamente este hecho y con mayor número de animales. Sobre la base de los resultados obtenidos se puede afirmar que existe la posibilidad de predecir el contenido de la IMF en la carne in vivo mediante la medición de ultrasonido (ROI-1) y análisis de imágenes computarizada. Se necesitan estudios adicionales para mejorar la precisión de la medición y para validar la aplicabilidad de este método en una escala más amplia entre las razas de ganado.

5.-REFERENCIAS

Amin V., Wilson D.E., Rouse G.H., 1995. An Ultrasound Image Analysis Software for Beef Quality

Research. Beef Research Report. A.S Leaflet RI 437, Iowa State University, Ames, pp. 41-47

Blanco Roa N.E., Huba J., Polák P., Hetényi L., Zaujec K., 2002. Predikciamramorovaniasvalu longissimus dorsi býkovultrasonografickoumetódou. J. FarmAnim. Sci. 35, 113-120

Brethour J.R., 1990. Relationship of ultrasound speckle to marbling score in cattle. J. Anim. Sci.

68, 2603-2613

Brethour J.R., 1994. Estimating marbling score in live cattle from ultrasound images using pattern recognition and neural network procedures. J. Anim. Sci. 72, 1425-1432

Ender K., 1997. Künftige Qualitätsanforderungen an Rindfleisch. In: R. Kolesár (Editor). Proceedings of an International Symposium on Actual and Perspekctiv Tasks in Farm Animal Breeding. RIAP Nitra (Slovakia), Part 2, pp. 27-33

Gerrard D.E., Gao X., Tan J., 1996. Beef marbling and color score determination by image processing. J. Food Sci. 61, 145-158

Goñi V., Mendizábal J.A., Beriain M.J., Alberti P., Arana A., Eguinoa P., Purroy A., 1999. Marbrure de la viande de veaux de sept races á viandeespagnolesdetermineé par Analyse d' Image. Renc. Rech. Ruminants 6, 278

Hassen A., Wilson D.E., Amin V.R., Rouse G.H., Hays C.L., 2001. Predicting percentage of intramuscular fat using two types of real-time ultrasound equipment. J. Anim. Sci. 79, 11-18

Hassen A., Wilson D.E., Amin V.R., Rouse G.H., 1999. Repeatability of ultrasound-predicted percentage of intramuscular fat in feedlot cattle. J. Anim. Sci. 6, 1335-1340

Herring D.S., Bjorton G., 1985. Physics, facts, and artifacts of diagnostic ultrasound. Vet. Clin. N.

Amer. – Small Anim. 15, 1107-1122

Herring W.O., Kriese L.A., Bertrand J.K., Crouch J., 1988. Comparison of four real-time ultrasound systems that predict intramuscular fat in beef cattle. J. Anim. Sci. 76, 364-370

Houghton P.L., Turlington L.M., 1992. Application of ultrasound for feeding and finishing animal: A review. J. Anim. Sci. 70, 930-941

Izquierdo M., Amin V., Wilson D.E., Rouse G.H., 1996. Models to predict intramuscular fat percentage in live beef animals using real – time ultrasound and image parameters: Report on Data From 1991-

1994 Beef Research Report, Iowa State University, Ames. A.S. Leaflet R 1324, pp. 3-6

Kriese L., 1996 Ultrasound past pitfalls and present promise. In: Proceeding of the Beef Improvemet

Federation Research Symposium and Animal Meeting, Birmingham (USA), pp. 73-87

Kuchida K., Konishi K., Suzuki M., Miyoshi S., 1998. Prediction of the crude fat contents in ribeye muscle of beef using the fat area ratio calculated by computer image analysis. Anim. Sci. Tech- nol. (Jpn.) 69, 655-658

Kuchida K., Kono S., Konishi K., Van Vleck L.D., Suzuki M., Miyoshi S., 2000. Prediction of crude fat content of longissimus muscle of beef using the ratio of fat area calculated from computer image analysis: Comparison of regression equations for prediction using different –input devices at different stations. J. Anim. Sci. 78, 799-803

Kuchida K., Yamaki K., Yamagishi T., Mizuma Y., 1992. Evaluation of meat quality in Japanese beef cattle by computer image analysis. Anim. Sci. Technol. (Jpn.) 63, 121-128

Liu Y., Aneshanslej D.J., Stouffer J.R., 1993. Autocorrelation of ultrasound speckle and its relation- ship to beef marbling. Tras. Amer. Soc. Agr. Eng. 36, 971-980

Mc Laren D.G., Novakofski J., Parret D.F., Lo L.L., Singh S.D., Neuman K.R., Mc Keith F.K.,

1991. A study of operator effects on ultrasonic measures of fat depth and longissimus muscle area in cattle, sheep and ping. J. Anim. Sci. 69, 54-66

Newman P.D., 1987 The use of video image analysis for quantitative measurement of visible fat and lean in meat: Part 3 – Lipid content variation in ommercial processing beef and its prediction by image analysis. Meat Sci. 19, 129-137

Optimas, 1996. User Guide and Technical Reference, Version 6. Optimas Corporation, Bothell.

Washington, DC

Park B., Wittaker A.D., Miller R.K., Hale D.S., 1994. Predicting intramuscular fat in beef –Longis- simus dorsi muscle for speed of sound. J. Anim. Sci. 72, 109-116

Rantanen N.W., Edwing R.L., 1981. Principles of ultrasound application in animals. Vet. Radiol.

22, 196-203

SAS, 2002. Version 8.2, SAS Institute Inc. Cary, NC

Savell J.W., Cross H.R., Smith G.C., 1986. Percentage ether extractable fat and moisture content of beef longissimus muscle as related to USDA marbling score. J. Food Sci. 51, 838-840

Smith G.C., Carpenter Z.L., Cross H.R., Murphey C.E., Abraham H.C., Savell J.W., David G.W., Berry B.W., Parrish F.C., 1984. Relationship of USDA marbling groups to palatability of cooked beef. J. Food Qual. 7, 289-308

USDA, 1989. Official United State Standards for Grades of Beef Carcasses. Agricultural Marketing

Service. U.S. Department of Agriculture. Washington, DC

Wilson D.E., Zhang H., Rouse G.H., Izquierdo M., Duello D.A., Hinz P.N., 1993. Using real – time ultrasound to predict intramuscular fat in the longissimus dorsi of live beef animals. Beef Rese- arch Report, Iowa State University, Ames. A.S. Leaflet R 1017, pp. 29-31

Zaujec K., Mojto J., Novotná K., 2003. Beef marbling level of different slaughter category of cattle

(in Slovak). J. Farm Anim. Sci. 36, 119-125

6.- TABLAS

Tabla 1. Estadísticas básicas del peso antes del sacrificio (WBS) y del contenido de grasa intramuscular en el músculo *Longissimus dorsi* (FMI) de toros Holstein (H) y Simmental Eslovaco (S).

Variable	Raza	Media	SD	Mínimo	Máxima	Diferencia
WBS[1]	H	489.8	38.2	420.0	563.0	*
	S	523.6	32.4	468.0	560.0	
	H	2.17	0.62	1.30	3.70	
IMF[2]	S	2.39	0.58	1.60	3.60	NS

1WBS-peso antes del sacrificio, 2IMF – contenido de grasa intramuscular,* P<0.05, **P<0.01, NS – non-significancia

Tabla 2. Estadísticas básicas del valor gris medio obtenido por análisis de imagen computarizado de las imagen del músculo Longisimus dorsi y sonogramas de toros Holstein (H) y Simental Eslovaco (S)

Variable	Raza	Media	SD	Mínimo	Máxima	Diferencia
INT-1	H	56.11	11.06	38.00	78.00	**
	S	44.33	8.20	38.00	68.00	
INT-2	H	47.50	13.63	37.00	99.00	*
	S	38.83	2.40	36.00	43.00	
INT-3	H	43.16	6.23	37.00	60.00	**
	S	37.41	1.97	35.00	40.00	
ROI-1	H	60.60	18.49	38.10	97.45	
	S	52.72	15.58	38.01	80.45	NS
ROI-2	H	49.61	19.50	37.26	124.18	
	S	39.50	3.20	34.77	44.25	*
ROI-3	H	44.29	10.51	35.83	69.25	
	S	36.62	2.24	34.28	40.34	**
MARB	H	2.37	1.35	0.54	4.43	
	S	2.55	1.65	0.62	5.19	NS

* P < 0.05, ** P < 0.01, - NS no significativo; el valor de gris medio obtenido por análisis de imagen computarizado de las imágenes del músculo Longisimus dorsi (MARB); El promedio del valor de gris obtenido por análisis de imagen computarizado de los

sonogramas del LDM utilizandor toda la zona y las tres intensidades de brillo (brillantez) 70% = INT-1, 65% = INT-2 y 60% = INT-3; promedio del valor de gris obtenido por análisis de imagen computarizado de la región de interés en el LDM 70% = ROI -1, 65% = ROI -2 y 60% = ROI -3; El valor de gris es el número del intervalo 0-255, que representa el grado de color de píxel y viene dada por el software durante el procesamiento para determinado píxel

Tabla 3. Coeficientes de correlación entre el valor de gris medio obtenido por análisis de imagen computarizado de los sonogramas del músculo Longissimus dorsi hechas por dos métodos para toros Holstein (H) y Simental Eslovaco (S)

Variable	Razas	INT-1	INT-2	INT-3	WBS
ROI-1	H	0.90**	0.06	0.02	0.21
	S	0.68*	-0.15	-0.41	0.23
ROI-2	H	0.30	0.95**	0.67**	0.19
	S	0.60*	0.77**	0.59*	-0.15
ROI-3	H	0.27	0.57*	0.88**	0.00
	S	-0.10	0.77**	0.94**	0.33
WBS	H	0.32	0.20	0.20	
	S	-0.48	-0.12	0.29	

* $P < 0.05$, ** $P < 0.01$; El promedio del valor de gris obtenido por análisis de imagen computarizado de los sonogramas del LDM utilizando toda la zona y tres intensidades de brillo (brillantez) 70% = INT-1, 65% = INT-2 y 60% = INT-3; El promedio del valor de gris obtenido por análisis de imagen computarizado de la región de interés del LDM 70% = ROI -1, 65% = ROI -2 y 60% = ROI -3

Tabla de 4. Coeficientes de correlación entre el contenido de grasa intramuscular, valor de gris medio obtenido por análisis de imagen computarizado de la imagen de músculo Longissimus dorsi y sonogramas de los toros Holstein (H) y la Simental Eslovaco (S).

Variable	Raza	WBS	MARB
MARB	H	0.36	
	S	0.65*	
INT–1	H	0.60**	0.35
	S	0.79**	0.65*
INT–2	H	-0.00	0.00
	S	0.21	0.07
INT–3	H	-0.18	-0.18
	S	0.06	-0.05
ROI-1	H	0.68**	0.30
	S	0.50	0.53*
ROI-2	H	0.00	-0.03
	S	0.42	0.57*
ROI-3	H	-0.05	-0.28
	S	-0.12	-0.18
WBS[1]	H	0.26	-0.16

| | S | -0.24 | 0.35 |

1 WBS – peso antes del sacrificio; valor de gris medio obtenido por análisis de imagen computarizado de la imagen del músculo Longissimus dorsi (MARB); promedio del valor de gris obtenido por análisis de imagen de computadora de los sonogramas LDM utilizando toda la zona y tres intensidades de ultrasonido 70% = INT-1, 65% = INT-2 y 60% = INT-3; promedio del valor de gris obtenido por análisis de imagen de equipo de la región LDM de interés 70% = ROI -1, 65% = ROI -2 y 60% = ROI -3; * P < 0.05, ** P < 0.01

Capítulo III

EL USO DE ANÁLISIS DE IMÁGENES COMPUTARIZADO PARA ESTIMACIONES IN VIVO DE LA CALIDAD DE LA CANAL EN TOROS.

P. Polák[1,3], T Sakowski[2], N.E. Blanco Roa[1], E. Krupa[1], J. Huba[1], J. Tomka[1].D. Peškovičová[1] , M. Oravcová, P Strapák[3]

[1]Instituto de investigación para la producción animal, Nitra, República de Eslovaquia. nblanco@unanleon.edu.ni

[2] Instituto de genética y reproducción Animal de la Academia Ciencias Polaca.

[3] Universidad agraria Eslovaca, Nitra, Eslovaquia.

Palabras claves adicionales:

Fotometria, bovino, análisis de imagen, canal

P. Polák, J. T Sakowski, N.E. Blanco Roa, E. Krupa, J. Huba, D. Peškovičová, M. Oravcová, P Strapák.: el uso de análisis de imágenes computarizado para estimaciones in vivo de la calidad de la canal en toros. Czech J. Anim. Sci., 52, 2007 (12): 430–436

INDICE

1.- RESUMEN

El objetivo del presente trabajo fue construir modelos para la estimación de la canal por medio de análisis de imagen computarizado y verificar la fotometría computarizada, como método de predicción de la canal in vivo. Se analizaron los resultados de las mediciones fotométricas y los valores de las características de la canal de 118 *Toros de la raza Simental Eslovaco* sacrificados a la edad de 15 y 18 meses. Se midieron nueve cotas de longitud y cuatro de área en las imágenes de la vista superior, izquierda y posterior de cada animal vivo. Después del sacrificio se obtuvo el peso de la canal caliente (HCW), después de la disección el peso de la carne en la media canal (WMC) y el peso de la carne de los cortes de primera (WMVC). Los valores HCM, WMC y WMVC revelaron una correlación significativa con la medida del área del cuerpo denominada vista superior (r = 0.54–0.60) y con el ancho de la superficie de la cadera (r = 0.58–0.60). Se aplicó regresión *stepwise* para construir las ecuaciones de regresión lineal para HCW, WMC y WMVC en dos alternativas: Utilizando dimensiones fotométricas con y sin peso antes del sacrificio (EDT). Los coeficientes R^2 encontrados en la alternativa sin peso vivo fueron inferiores (R^2 = 0.47–0.55); Sin embargo los coeficientes R^2 encontrados en la alternativas con peso antes del sacrificio fueron superiores y altamente significativos (R^2 = 0.83–0.92). En ambas alternativas, la ecuación para HCW tuvo mayor R^2 y la ecuación para WMVC tuvo el menor R^2. Las ecuaciones utilizando dimensiones fotométricas y WBS se perfilan como adecuadas para estimar HCW, WMC y WMVC sin disección detallada.

2.- INTRODUCCIÓN

La cría de toros de razas doble propósito – Simental Eslovaco y Pinzgau Eslovaco son una fuente tradicional de producción de carne de alta calidad en Eslovaquia. La raza Simental Eslovaco deriva de la raza Simental y es criada como un tipo de leche-carne combinado doble propósito. Los toros Simental Eslovacos tienen excelentes características de engorde y buena canal. Los toros de engorde se comercializan vivos o en canal. La objetividad de la compra, fue mejorada al introducir el sistema de evaluación de calidad de la canal SEUROP. Sin embargo, ya que la evaluación es llevada a cabo por una persona (aunque entrenada), el método es subjetivo y no se garantiza la imparcialidad del valor. El mercado puede ser más objetivo mediante el uso de instrumentos para evaluar la composición de la canal. La evaluación de partes de la canal en cerdos se lleva a cabo por diferentes instrumentos, basados en los principios de ultrasonido o a través de métodos (análisis de imágenes de vídeo). También pueden emplearse métodos informáticos modernos como fotometría que utilizan análisis de imagen. El análisis de las correlaciones entre las medidas dimensionales del animal vivo y las dimensiones de la carcasa medidas con el software de imágenes digitalizadas junto a los parámetros de calidad de la canal podrían generar las ecuaciones de regresión adecuadas para una evaluación más objetiva en vivo o post mortem del ganado de carne. La fotometría es un sistema activo, no destructivo es un método que ha sido utilizado por diferentes autores para predecir el valor de la canal de bovinos, cerdos y ovejas. La fotometría fue descrita por primera vez por Leydolph en 1954 (citado por Simm 1983). SIMM citó a Weninger (1966), quien trabajó en la aplicación de fotometría para predecir el valor de las canales de los animales sacrificados. La siguiente generación de científicos después de Leydolph la encabeza Misztal (1975) quién fue el pionero en el método al demostrar que los valores del coeficiente de determinación R2 = 0.86–0.91 eran suficientes como valor predictivo de la canal in vivo. Jankowski et al., (1978) calcula los coeficientes de correlación entre las dimensiones de la estéreo fotometría de diferentes partes del cuerpo y el valor de la canal en el rango entre r = 0.20 y 0.71 y, utilizando índices idénticos, obtuvo coeficientes de determinación R^2 = 0.48–0.94. En Polonia, Sakowski y Cytowski (1996) utilizaron análisis de imágenes computarizado de imágenes de animales vivos para estimar el peso de la canal fría de la raza negra polaca, ganado blanco y Piamonte, sus resultados apuntan a una correlación bastante alta entre las dimensiones fotométricas y las características de la canal. Los coeficientes de determinación del modelo en el que han sido incluidos los índices fotométricos revelan valores de 0.96, para canales frías y 0,94 para cortes de primera.

Este trabajo tiene como objetivo la posible construcción de modelos adecuados de estimación del valor de la canal, mediante análisis de imágenes computarizado. Otro objetivo es verificar si la fotometría computarizada es apta como método de predicción de la canal in vivo en toros de engorde de la raza simental eslovaca.

3.-MATERIAL Y MÉTODO

 Los animales fueron sacrificados entre los 15 y 18 meses, habiendo alcanzado la edad promedio de sacrificio a los 454 días con un peso vivo promedio de 493.1 kg. El equipo consistió en una Video cámara digital Canon de ION RC-260, ordenador personal con SVGA, digitalizador y software original del gobernante SAI (Sakowski y Cytowski, 1996). 5 días antes del sacrificio de los animales se les tomaron imágenes de las dimensiones de la parte superior, izquierda y posterior del cuerpo de cada animal, seguidamente las imágenes fueron procesadas con el software de PhotoStyler (U-plomo Systems, Inc.) cortando las partes innecesarias y modificando el contraste entre el animal y el medio ambiente, con el fin de mejorar la identificación del sitio. Las medidas fotométricas se llevaron a cabo con el software SAI de gobernante.

Se obtuvieron nueve medidas longitudinales (altura a la cruz, altura a la grupa, longitud diagonal del tronco, longitud recta del tronco, longitud del muslo, longitud de la paleta, ancho de hombros, ancho de la cadera y ancho de pelvis) y cuatro de diferentes áreas del cuerpo (área de la vista izquierda del cuerpo, área de la vista izquierda de los muslos, área de la vista superior del cuerpo y el área de la vista superior y posterior de los muslos.

Los animales fueron sacrificados en el matadero experimental del Instituto de investigación para la producción Animal en Nitra. Se determinó el peso de la canal caliente (HCW) inmediatamente después del sacrificio. Después de 24 horas de refrigeración, la media canal derecha fue diseccionada en detalle obteniendo el peso de la carne en la media canal la que se multiplicó por dos para obtener el peso total de carne de la canal (WMC). Se determinó el peso de los cortes de mayor importancia económica o sea cortes de primera (WMVC) como la posta deshuesada, cabeza de lomo y solomillo multiplicado por dos.

En la disección además se obtuvo, el rendimiento en canal (DP), el porcentaje de magro en la canal (PMC), el porcentaje de piezas nobles en la canal (PMVC_C W) y el porcentaje de los cortes de primera de la carne total (PMVC_TM). Los datos así obtenidos se utilizaron en el análisis estadístico.

El análisis estadístico se realizó con el paquete estadístico SAS 8.02 utilizando los STAT y REG (SAS, 2001). Se calcularon las estadísticas básicas (media aritmética, máxima, mínima y deviación estándar) de las medidas fotométricas, dimensiones del cuerpo y parámetros de calidad de la carne. Se calcularon los coeficientes de Pearson de correlación lineal entre parámetros de calidad de la canal, peso antes de sacrificio y dimensiones fotométricas.

Con el fin de construir el modelo más adecuado de estima de los parámetros de la canal seleccionados, se utilizó el procedimiento paso a paso. Todas las 13 medidas fotométricas del cuerpo entraron en el procedimiento. Basados en los resultados de varios autores (Jensen et al., 1985; Henningsson et al., 1986) y estudios preliminares (Polák et al., 2001; Polák, 2005) se espera un alto impacto del peso antes del sacrificio en las ecuaciones de predicción.

Por lo tanto, se estudiaron dos alternativas de ecuaciones de regresión lineal para la estimación de los parámetros de la calidad de la canal – una alternativa sin peso antes del sacrificio (alternativa B) y la alternativa A con peso antes del sacrificio incluida.

<u>Forma general de las Ecuaciones</u>

Alternativa A – con peso antes del sacrificio

yi $= a + b1x1i + b2x2i + b3x3i + b4x4i + b5x5i + ei$

Alternativa B – sin peso antes del sacrificio

yi $= a + b2x2i + b3x3i + b4x4i + b5x5i + ei$

Donde:

Yi= Observación individual de VHC, WMC y WMVC (i = 1,..., 118)

a = intercepto

b1= coeficientes de regresión parcial de la dependencia de los parámetros de la calidad de la canal (HCV, WMC y WMVC) de peso antes del sacrificio (i = 1,..., 118)

b2, b3, b4, b5 = coeficientes de regresión parcial de la dependencia de los parámetros de la calidad de la canal (HCV, WMC y WMVC) de dimensiones fotométrica seleccionadas por el procedimiento stepwise (i = 1,..., 118).

x_{1i} = peso antes del sacrificio (i = 1,..., 118)

$x_{2i}, x_{3i}, x_{4i}, x5$ = dimensiones fotométrica seleccionadas por el procedimiento paso a paso.

e_i= errores aleatorios, N(0,σe2) (i = 1,..., 118)

También se estudió el uso de polinomios de grado superior para la predicción de WMC y WMVC.

4.-RESULTADOS Y DISCUSION

Los valores estadísticos básicos (media aritmética, desviación estándar) de la disección, mediciones del cuerpo determinadas fotométricamente y dimensiones del cuerpo medidas en animales vivos se muestran en las tablas 1 a 3. La ganancia media diaria del grupo de animales fue 1, 020 g y la ganancia media diaria en el período de 150 a 450 días fue de 1, 250 g. con un rendimiento de canal de 56.04%, el porcentaje de contenido magro en la canal fue de 71.71% y el porcentaje de piezas nobles en la carne total fue 55.46%.

Los coeficientes de correlación absolutamente más altos fueron encontrados entre el peso antes del sacrificio y los parámetros de calidad de la canal expresados en peso. (r = 0.90 con WMVC, r = 0,91 con WMC y r = 0,96 con HCW). Los más bajos coeficientes de correlación fueron encontrados entre el peso antes del sacrificio y los parámetros de calidad de la canal expresados en porcentajes (r = 0,09 con DP, r = 0.08 con PMC, r = 0.16 con PMVC_CW y r = 0,11 con PMVC_TM).

Los coeficientes de correlación más altos calculados entre las dimensiones fotométricas y los parámetros de calidad de la canal fueron entre el ancho de grupa (r = 0.53–0.59), ancho de hombros (r = 0.58–0.60), área vista superior del cuerpo (r = 0.54–0.60), área vista izquierda del cuerpo (r = 0.38–0.47) y los parámetros de la canal. Las restantes correlaciones entre parámetros de calidad de la canal y las mediciones fotométricas fueron estadísticamente significativas excepto la longitud de la paletilla.

Cuando se correlacionaron las características de la calidad de la canal expresadas porcentualmente con las mediciones fotométricas del cuerpo los coeficientes de correlación fueron bajos o negativos y no aportaron ninguna información significativa.

Todos los coeficientes de Pearson de correlación lineal calculados se muestran en la tabla 4. Del mismo modo como en los trabajos de Jensen et al., (1985), Henningsson et al., (1986) y en nuestros trabajos preliminares (Polák et al., 2001; Polák, 2005), se probó el alto efecto del peso antes del sacrificio en los parámetros de calidad de la canal.

Las correlaciones encontradas en nuestro trabajo entre las mediciones fotométricas y los parámetros de la calidad de la canal fueron acorde con las observadas por Jankowski et al., (1978), quienes encontraron coeficientes de correlación entre las mediciones estéreo fotométricas de los índices del cuerpo seleccionados y las características de la canal dentro de un intervalo de r = 0.20 y 0,70.

Estos resultados difieren de los reportados por Sakowski y Cytowski (1996) y Sakowski et al., (1996). En sus trabajos estos autores encontraron correlaciones altas (entre la altura a la cruz r = 0.67, longitud diagonal del cuerpo r = 0.71 y los parámetros de la canal), podríamos afirmar que para ser medias deberían estar entre el rango (r = 0.32 y 0.40, respectivamente). Nuestros coeficiente de correlación se mostraron altos (ancho de hombros r = 0,59), Sakowski encontró un valor ligeramente inferior (0,49). Esto puede explicarse por el hecho de que Sakowski llevó a cabo mediciones en la raza Blanco y Negro Polaco de tierras bajas mientras que nosotros utilizamos el ganado Simental Eslovaco. La raza Blanco y Negro Polaca de tierras bajas, está dirigida a la producción de leche y se ve afectado por la inmigración de genes Holstein. El rendimiento de la canal de ésta raza está bien expresado por sus dimensiones de altura y longitud.

La raza Simental Eslovaca pertenece a la familia de las razas Simentalizadas, con un rendimiento de la canal caracterizado por las dimensiones de anchura y profundidad, así como por las siluetas de patrones convexos en las zonas donde se ubican las piezas nobles de la carne. Como puede verse en la tabla 4, las correlaciones de las mediciones fotométricas del cuerpo con las características de calidad de la canal expresadas en peso (WMC y WMVC) fueron mucho más altas que aquellas entre las dimensiones fotométricas del cuerpo y características de calidad de la canal expresadas en porcentajes (PMC, PMVC_CW y PMVC_TM).

El valor informativo de las características de calidad de carne expresadas en peso fue mayor que los valores relativos usados y tradicionalmente expresados en porcentajes.

Las áreas de cuerpo obtenidas por el método fotométrico tuvieron coeficientes de correlación significativos para casi todas las dimensiones de longitud fotométrica excepto para el ancho de la pelvis. Los coeficientes de correlación entre las dimensiones fotométricas se muestran en la tabla 5. Se calcularon los coeficientes de correlación entre altura a la Cruz, altura a la grupa, ancho de grupa, la longitud diagonal del tronco y medidas realizadas en los animales vivos y en las imágenes digitalizadas se muestran en la (tabla 6). El coeficiente más bajo (0,53) se encontró para la longitud diagonal del tronco y par la altura a la grupa (0,66).

Todas las dimensiones fotométricas del cuerpo son fotosensibles en la posición correcta del animal en la imagen y en dependencia de la calidad de la imagen digital y experiencia del equipo de trabajo.

Una de las fuentes de variabilidad puede ser la calidad de la escala durante la toma de una fotografía y durante el proceso de medición. Desde este aspecto el operador de las muestras debe ser capacitado y experimentado para ajustar correctamente la escala e identificar puntos para determinar ciertas medidas en la imagen. A pesar del hecho descrito anteriormente las medidas fotométricas fueron comparables con las medidas directas de cuerpo y al utilizarlas en las ecuaciones no produjeron errores lógicos ni matemáticos.

De forma general, se puede afirmar que los coeficientes de correlación entre los parámetros de la calidad de la canal y las dimensiones fotométricas revelaron diferentes dependencias. Máximos coeficientes de correlación de las dimensiones fotométricas individuales fueron observados con el peso de la canal caliente, seguido principalmente por el peso de las piezas nobles y el peso de la carne total del animal.

El análisis de regresión fue usado para crear ecuaciones de regresión lineal para la estimación de tres parámetros de calidad de la canal (HC W, WMC, WMVC). Las formas exactas de las ecuaciones de regresión lineal construidas para la alternativa A están en la **tabla 7** y para la alternativa B en la tabla 8. Las ecuaciones de regresión lineal en la variante B tuvieron coeficientes de determinación $R^2 = 0,47 - 0,55$. Los R^2 de las ecuaciones en la variante A fueron altamente significativas.

En ambas alternativas la ecuación para estimación del peso de la canal caliente tuvo mayor R^2 y la ecuación para la estimación de WMVC un R^2 menor.

Los valores reportados por Sakowski et al., (1996) son similares a los resultados de nuestros trabajo en la alternativa B. Resultados similares a los publicados por Sakowski y Cytowski (1996) y Sakowski et al (1997) también fueron reportados por Misztal (1975) y

Jankowski et al (1978). En comparación con grupos evaluados por otros autores, nuestro grupo fue menor en número de observaciones.

En fotometría, los resultados dependen principalmente de la postura del animal en el momento de la imagen. Un animal vivo se vuelve nervioso en presencia del hombre y no siempre está dispuesto a permanecer en una postura correcta. Esto puede conducir a inexactitud al determinar las dimensiones del cuerpo y así también a menos fiables estimaciones del valor de la canal. La experiencia del operario en la toma de las imágenes de los animales es crucial y esto actúa en consonancia con el equipo operador principalmente para disminuir el tiempo necesario para la imagen en vivo.

Conclusión

Los valores intermedios y superiores de los coeficientes de correlación que muestra la fotometría son comparables con los que muestran las mediciones del cuerpo en determinados animales vivos. Ambas mediciones son utilizables en las ecuaciones de regresión para la predicción de la calidad de la canal ya que no producen errores lógicos ni matemáticos.

Las ecuaciones de regresión lineal que contenían el peso antes del sacrificio tuvieron los coeficientes de determinación más altos, que aquellos sin este parámetro. En nuestra opinión, los modelos que utilizan medidas fotométricas y peso antes de sacrificio son adecuados para estimar la composición de la canal sin disección detallada, es decir, pueden utilizarse como un método objetivo en el sistema de valoración. Los modelos también pueden emplearse para estimar la composición de la canal en animales vivos, para el manejo de la mejora de animales, es decir, para predecir el valor de cría de la composición de la canal.

Con el fin de mejorar la precisión de los resultados, recomendamos aumentar el número de animales por grupo y la gama de categorías de edad y peso. En este caso, los efectos de la edad o peso por categorías deben ser eliminados.

5.-REFERENCIA

Henningsson T., Ral G., Andersson O., Karlsson U., Mar- tinsson K. (1986): A study of the value of ultrasonic scanning as a method to estimate carcass traits on live cattle. Acta Scand., 36, 36–42.

Jankowski W., Reklewski Z., De LauransA ., Galka E. (1978): Results of in vivo carcass value estimation. Pr. Mater. Zootech., 16, 26–33.

Jensen J., BechAndersen B., Bergstorm P.L., Busk H., Lagerweij G.W., Oldenbroek J.K. (1985): In vivo esti- mation of body composition in young bulls for slaugh- ter. II The prediction of carcass traits from scores, ultrasonic scanning and body measurements. Livest. Prod. Sci., 12, 231–239.

Misztal I. (1975): Estimation of carcass composition in live cattle using picture processing system. Rocz.Nauk.Zootech., 13, 9–15. (in Polish)

Polák P. (2005): Evaluation of beef production by sono- graphic and photometric method. [PhD. Thesis .]SARC-RIAP, Nitra, Slovak Republik, 170 pp.

Polák P., Sloniewski K., Sakowski T., Blanco Roa E.N., Huba J., Krupa E. (2001): In vivo estimates of slaughter value of bulls using ultrasound and body dimensions. Czech J. Anim. Sci., 46, 159–164.

Sakowski T., Cytowski J. (1996): Application of digital image processing in the slaughter value estimation of live bulls. Pr. Mater. Zootech., 47, 61–70. (in Polish)

Sakowski T., Cytowski J., Dymnicki E., Oprzadek J.M. (1996): Accuracy of digital image processing in the estimation of slaughter value of two groups of bulls. Pr. Mater. Zootech., 48, 27–36. (in Polish)

Sakowski T., Kmeť J., Chrenek J., Cytowski J. (1997): Application of digital image processing to estimate slaughter value of Simmental bulls. In: Book of Abs- tracts of the 48th Annual Meeting of the E AAP in Vienna. Academic Publishers Vienna, Wageningen. 342 pp.

SAS (2001): SAS/STAT®. Version 8.2.Inc., Cary, NC.

Simm G. (1983): The use of ultrasound to predict the carcass composition of live cattle –a review. Anim. Breed. Abstr., 853–875.

Weniger J.H., Schmidt K.H., Schön L. (1966) Begriffebei der Bewerung von Schlachtkörpernlandswirtschaftli- cherNutztiere. Züchtungskunde, 17, 36–41.

6. TABLAS

Tabla 1 Características estadísticas básicas de los parámetros de la canal.

Variable	Media	Desviación estándar
Peso antes del sacrificio (kg)	493.1	21.21
Ganancia media diaria (g)	1 020.5	90.58
Ganancia media diaria de los 150 a 450 días (g)	1 250.1	129.53
Peso canal caliente	280.9	30.35
Peso de carne en canal (kg)	200.8	23.23
Peso de las piezas nobles (Kg)	111.4	13.67
Rendimiento de la canal (%)	56.04	5.03
Porcentaje del contenido magro en canal (%)	71.71	1.8
Porcentaje de piezas nobles en carne total (%)	55.46	1,6

Tabla 2 Características estadísticas básicas de las dimensiones del cuerpo obtenidas por digitalización de imágenes.

Variable	Media	Desviación estándar
Altura a la Cruz (cm)	125.5	5.09
Altura a la grupa (cm)	130.7	4.97
Largo del espinazo (cm)	116.3	7.04
Largo diagonal del tronco (cm)	151.9	7.94
Ancho de grupa (cm)	55.4	3.14
Ancho pelvis (cm)	19.42	1.82
Anchura de los hombros (cm)	53.7	3.39
Longitud del muslo (cm)	123.4	5.34
Longitud de la paletilla (cm)	45.5	4.68
Área de la vista Izquierda del muslo (cm^2)	3 009.1	300.01
Área de la vista izquierda del cuerpo (cm^2)	10 780.0	902.89
Área de la vista superior del cuerpo (cm^2)	7 591.2	666.26
Área de la vista posterior del muslo (cm^2)	1 758.1	231.42

Tabla 3. Características estadísticas básicas de las dimensiones del cuerpo medido en los animales vivos.

Variable	Media	Desviación estándar
Altura a la cruz (cm)	127.8	4.04
Altura a la grupa (cm)	135.1	4.19
Longitud de la diagonal del tronco (cm)	147.7	5.79
Ancho de grupa (cm)	45.3	1.78

Tabla 4. Coeficientes de Pearson de correlación lineal entre las características de calidad de la canal y las dimensiones fotométricas del cuerpo.

Variable	Peso canal caliente	Peso de la carne en la canal	Peso de las piezas nobles	Rendimiento en canal	Porcentaje de carne en la canal	Porcentaje de las piezas nobles en la canal	Porcentaje de carne total
Peso antes del Sacrificio	0.96**	0.91**	0.90**	0.09	0.08	0.16	0.11
Altura a la cruz	0.32**	0.26**	0.29**	0.15	−0.02	0.02	0.04
Altura a la grupa	0.30**	0.25**	0.30**	0.10	−0.07	0.07	0.17
Largo del tronco	0.32**	0.22**	0.28**	0.07	−0.19	−0.01	0.21*
Largo Diagonal del tronco	0.40**	0.27**	0.34**	0.06	−0.22*	−0.04	0.22*
Ancho de grupa	0.59**	0.59**	0.53**	0.28*	0.15	0.04	−0.12
Ancho de pelvis	0.20*	0.19*	0.22**	−0.04	0.03	0.11	0.11
Ancho de hombros	0.58**	0.60**	0.60**	0.25*	0.19*	0.16	−0.03
Longitud del muslo	0.33**	0.28**	0.31**	0.05	−0.04	0.05	0.12
Longitud de la paletilla	0.11	0.09	0.10	−0.08	−0.01	0.03	0.05
Área vista Izquierda del muslo	0.40**	0.35**	0.36**	0.15	−0.03	0.02	0.05
Área vista Izquierda del cuerpo	0.47**	0.38**	0.41**	0.05	0.12	0.03	−0.10
Área vista superior del cuerpo	0.60**	0.55**	0.54**	0.12	−0.13	0.01	0.16
Área vista posterior del muslo	0.33**	0.35**	0.30**	0.18	0.01	0.03	0.02

Tabla 5. Coeficientes de Pearson de correlación lineal entre las dimensiones fotométricas del cuerpo.

Variable	altura a la grupa	Largo del tronco	Largo diagonal del tronco	Ancho de grupa	Ancho de pelvis	Ancho de hombro	Longitud de muslo	longitud de la paletilla	Área vista posterior del muslo	Área vista izquierda del muslo	Área vista izquierda del cuerpo	Área vista superior del cuerpo
Altura a la cruz	0.75	0.51**	0.70**	0.25	−0.05	0.21**	0.52	0.08	0.24**	0.64**	0.76**	0.27**
Altura a la grupa	**	0.60**	0.72**	0.17	−0.01	0.20	0.67**	0.21**	0.18*	0.76**	0.73**	0.23*
Largo del tranco			0.81**	0.09	0.15	0.15	0.49**	0.32**	0.12	0.56**	0.68**	0.29**
largo diagonal del tronco				0.18*	0.05	0.14	0.62**	0.25**	0.13	0.67**	0.84**	0.35**
Ancho de grupa					0.04	0.70**	0.14	0.20**	0.15	0.31**	0.33**	0.73**
Ancho de pelvis						0.01	0.14	0.11	0.23**	−0.01	0.04	0.06
Ancho de hombros							0.19*	0.21**	0.28**	0.30**	0.30**	0.77**
Longitud del muslo								0.28**	0.21**	0.70**	0.59**	0.25**
Longitud de la paletilla									0.12	0.24**	0.17	0.32**
Área vista posterior del n										0.25**	0.17	0.24**
Área vista izquierda de m											0.73**	0.38**
Área vista izquierda del c												0.42**

Tabla 6. Coheficiente de correlación entre las dimensiones del animal vivo y las obtenidas por método fotométrico (n = 106)

Dimensiones del cuerpo	Coeficiente de correlación
Altura a la cruz	0.57**
Altura a la grupa	0.66**
Longitud diagonal del tronco	0.53**
Ancho de cadera	0.56**

Tabla 7. Ecuaciones de regresión lineal para los parámetros de calidad de la canal– alternativa A.

Variante dependiente	Intercepto	Coeficientes de regresión lineal							
		WBS	SW	DLT	TW	LSB	LWTA	TWBA	R^2

HCW	−36.19	0.54	0.88			−0.28	0.004		0.92
WMC	−24.63	0.21	0.33	−0.29	0.43				0.85
WMVC	−16.43	0.40						−0.001	0.83

HCW: peso de la canal caliente; WMC – peso de la carne en canal; WMVC: peso de las piezas nobles; WBS – peso antes del sacrificio; SW: ancho de los hombros; DLT-longitud diagonal del espinazo; TW – Ancho de grupa; LSB – longitud de la paletilla; LWTA – área vista superior del cuerpo; TWBA – área vista inferior del cuerpo; R2: coeficiente de determinación del modelo.

Tabla 8. Ecuaciones de regresión lineal para los parámetros de calidad de la canal – variante B

Variante dependiente	Intercepto	Coeficientes de regresión lineal						
		SW	DLT	PW	TW	LSB	RWTA	R^2
HCW	−253.2	2.82	1.18	2.46	2.97	−0.77	0.018	0.55
WMC	−87.32	1.12	0.27	0.91	1.25	−0.29	0.008	0.51
WMVC	−57.47	0.43	0.22	0.76	0.88	−0.15		0.47

HCW: peso de la canal caliente; WMC – peso de carne en canal; WMVC: peso de las piezas nobles; SW: ancho de los hombros; DLT-longitud diagonal del espinazo; PW: ancho de la pelvis; TW – Ancho de grupa; LSB – longitud de la paletilla; RWBA – área del cuerpo vista posterior; R2: coeficiente de determinación del modelo

Capítulo IV

LA UTILIZACION DE METODOS IN VIVO Y POST MORTEM PARA LA PREDICCION DEL PORCENTAJE MUSCULAR EN CERDOS

Ing. Peter Demo, PhD[1]., Ing. Javier Santa-Martina Matías[2]., Ing. Noel Ernesto Blanco Roa[1]., Ing. Ján Huba, PhD[1]., Doc. Ing. Ladislav Hetéyi, PhD[1].

1   Research Institute of Animal Production, Hlohovská 2, 94992 Nitra, Slovakia. nblanco@ev.unanleon.edu.ni

2   Centro de investigación del Toro de Lidia, Salamanca, Junta de Castilla y León España

Demo, P. – Matias, M. J. – Blanco Roa, N. E. – Huba, J. – Hetényi, L.: La utilización de métodos in vivo y post mortem para la predicción del porcentaje múscular en cerdos. In: ITEA, 22, 2001, s. 658 – 660.

INDICE

1.- INTRODUCCION:

El porcentaje muscular en la canal porcina es el factor que determina la producción rentable de cerdos. El contenido muscular de la canal es posible estimarlo utilizando métodos in vivo y post mortem respectivamente. Según los datos presentados por Houghton y Turlington (1992), entre los métodos más frecuentemente utilizados para la predicción in vivo de la canal se encuentra el metodo ultrasonográfico. Los resultados públicados por Adamczyk y Duniec (1994), Demo et al (1995), Michalska et al (2000) muestran una elevada precisión de la estima. Los sistemas de predicción de la canal con aparatos utilizan modelos de regresión que posibilitan una estima del porcentaje muscular en la canal. Whittemore (2000) presenta modelos predictorios del porcentaje muscular utilizando el peso vivo del animal y el grosor de la grasa dorsal en la región lumbar.

Entre los métodos más exactos para establecer el porcentaje muscular post mortem está la disección detallada (despiece) de la canal, pero por razones de trabajo no se realiza. El porcentaje muscular en la canal porcina se establece en base a la clasificación realizada con aparatos sin importar el genotipo, sexo o peso de la canal. El error máximo de la estima realizada con estos aparatos no debe sobrepasar el 2,5% y el valor del coeficiente de regresión no debe ser inferior a 0,64.

Branscheid et.al (1987) investigaron la viabilidad de los métodos de clasificación en 657 cerdos con la ayuda del aparato FOM. Matousek et al (1995) y Demo et al (1995) evaluaron los resultados de la ciasificación con aparatos en la república Checa y Eslovaca. En los años de 1995 a 1998 en la república de Eslovaquia se clasificó con el aparato FOM un total de 470.634 cerdos. En este período subió la cantidad de cerdos clasificados en las categorías S, E y U de 29, 7% (en el año 1995) a 41,2% (en el año 1998) Más del 30% de los cerdos sacrificados tuvieron un peso vivo superior a los 110 kg.

2.- MATERIAL Y METODOS

En este estudio se confrontan los resultados obtenidos con métodos   in vivo y post mortem al evaluar el porcentaje muscular mediante aparatos técnicos. En los experimentos utilizamos los siguientes sistemas PIGLOG 105, SONOMARK SM - 100 a Aloka 500. Para establecer el porcentaje de carne después del sacrificio se utilizó el aparato UNIFOM S - 89.

A un total de 197 cerdos híbridos se les practicó las siguientes medidas

- Espesor de la grasa dorsal entre la tercera y cuarta vértebra lumbar.

- Profundidad del longíssímus dorsis en la última costilla.

Estas medidas fueron luego utilizadas en las ecuaciones de regresión construidas en los aparatos PIGLOG 105 y SONOMARK SM - 100 para estimar el porcentaje de carne. Igualmente se construyó una ecuación de regresión para estimar el porcentaje de carne con el ALOKA 500.

Treinta minutos después del sacrificio se pincho en la musculatura la sonda del aparato UNIFOM S - 89 para estimar el porcentaje de carne al mismo tiempo se midió el grosor del músculo, grasa dorsal y piel en la región del musculus gluteus medius (rn.q.m.). Los datos obtenidos fueron procesados con el metodo dos puntos (ZP - del Alemán zwei punkte) para estimar el porcentaje muscular, según el modelo de regresión presentado por Demo et al (1999).

$$ZP = 137{,}427+\ (1{,}152 * S) - (35{,}447 *S^{1/2}) + (10{,}43 * M^{1/2}) + (35{,}391\ * \ln (S/M))$$

Donde:

ZP - El porcentaje muscular estimado por el metodo dos puntos

S - Espesor de la grasa dorsal en la región del (m.g.m)

M - Grosor del músculo (m.g.m.)

24 horas después del sacrificio se realizó el despiece.

3.- RESULTADOS Y DISCUSION

Utilizando el sonógrafo Aloka   500 establecimos el espesor de la grasa dorsal y del músculo longissimus dorsis en la última costilla, con la ayuda de un software calculamos el área del longissimus dorsis. En base a los datos obtenidos construimos una ecuación de regresión para la estima del porcentaje muscular.

$Y = 155.285 - (2,0544*X_1) + (0,0027*X_2) + (1, 1002*X_3) - (50, 7144*\ln X_1)$

Donde:

Y - es el porcentaje muscular estimado con el Aloka 500.,

X_1 - Espesor de la grasa dorsal en la última costilla (mm).,

X_2 - Área del /ongissimus dorsis en mm2 .,

X_3 - Relación entre el espesor de la grasa dorsal y profundidad del longissimus dorsis en la última costilla.

El porcentaje muscular estimado con los aparatos in vivo, presenta una alta capacidad de predicción. El metodo con cuya precisión más se acercó a la canal real establecida con el despiece fue el sonográfico (Aloka 500). Con el sonográfo es posible medir con mucha precisión todos los tejidos (muscular, graso, óseo y piel), más sin embargo en la práctica cotidiana   de los mataderos es más recomendable el uso del aparato ultrasónico PIGLOG 105. Esta recomendación concuerda con las hechas por Adamczyk a Duniec (1994) y Michalska et. al (2000).

La predicción exacta del porcentaje muscular fue conseguida a través del metodo dos puntos ZP. Éste método es ideal para mataderos con baja capacidad (200 cerdos semanales), así como lo recomiendan en sus trabajos Matousek et .al (1995) a Demo et. al (1995). La diferencia más importante entre el valor estimado del porcentaje muscular y el real establecido por el despiece la encontramos en la estima hecha con el aparato UNIFOM S - 89. Este sistema subvaloró el porcentaje muscular de la canal. A igual conclusión llegaron Branscheid et al (1987), la posible causa de la subvaloración de este sistema puede radicar en el hecho que en el aparato está instalada una ecuación de regresión especifica para las condiciones de Dinamarca. lo que sugiere la necesidad de instalar la ecuación de regresión especifica para cada país.

4.- REFERENCIAS BIBLIOGRAFICAS

Adamczyk, J., Duniec, H. 1994   The correlation between   live measurements of backfat thickness and loin depth ano dissection meat and fat content in the prime cuts. rn.: Pro c. 45th Annual Meeting EAAP, Edinburgh .   309.

Branscheid, W., Komender, P, Oster, A., Sack, E . Fewson, D. 1987 Untersuchungen zur objektiven Ermittlung des Muskelfleischanteils von Schweinehálften, Züchtungskunde, 59, (3), 202-209.

Demo. P . Poltársky, J . Fülbp, L. Lukácová A 1995. Instrumental prediction of sorne carcass parameters of pigs ata progeny testing station Vyr. 40, (4), 181-185

Demo. P, Peskoviflová. O, Krska. P .. Bahelka, l., Porhajas. A. 1999 The lean meat content in carcass of pigs determined in commercíal conditions. J. Farm. Anim. Sci . 32, 145-154.

Houghton P L., Turlíngton. L.M. 1992 • Application of ultrasound for feeding and finishing anirnals: a review. Journal of Anim. Sci . 70, 930-941.

Matousek, V., Kernerová, N., Václavovsky, J, VejOík, A 1995 Zavedení aparativní klasifikace jateOnych prasat v podmínkách masokombinátu Planá nad Lu nicí , ln.: Jiho e. Univ. Oeské Bud!Jjovice, E-95-3130-0009, 40.

Michalska G . Nowachowicz, J . Kapelanski W. Rak B. 2000 lnterrelationships between performance test characteristics in Polish Large White and Polish Landrace bcars. In .. Proc.

51th Annual Meeting EAAP, Hague, 326.

Whittemore, CT 2000 • A commentary upon the US Natinal Research Council (NRC, 1998) protein and energy requirements of Swine. Pig News and lnformation. Vol. 21, No.1. 15 N-22 N.

5.- TABLAS

Tabla 1: Medias y desviaciones típicas de los porcentajes musculares obtenidos con diferentes métodos in vivo y post mortem (n=197)

Indicador	X	S	Min - Max
Peso vivo (kg)	**107.74**	**4.37**	**98.0 – 125.0**
Porcentaje Musc – PIGLOG 105 (%)	**54.37**	**4.71**	**48.4 – 61.8**
Porcentaje Musc – SONOMARK (%)	**56.11**	**4.40**	**50.8 – 63.2**
Porcentaje Musc – ALOKA 500 (%)	**55.68**	**4.92**	**46.5 – 61.1**
Porcentaje Musc – DESPIECE (%)	**55.81**	**3.97**	**45.8 – 62.9**
Porcentaje Musc – UNIFON S 89 (%)	**53.67**	**4.28**	**43.3 – 59.1**
Porcentaje Musc – ZP (%)	**55.24**	**4.52**	**46.3 – 60.6**
Espesor de la grasa dorsal Ultima costilla (mm)	**19.27**	**5.73**	**11.4 – 33.6**

Tabla 2: Correlaciones fenotípicas entre los indicadores elegidos de la canal in vivo y post con diferentes métodos in vivo y post mortem respectivamente.

Indicador	1	2	3	4	5	6
1. Porcentaje Musc – PIGLOG 105	1	0.79	0.81	0.80	0.78	0.79
2. Porcentaje musc.-SONOMARK		1	0.77	0.72	0.65	0.74
3. Porcentaje musc.-ALOKA 500			1	0.86	0.77	0.80
4 . Porcentaje muse. - despiece				1	0.79	0.83
5. Porcentaje musc.-UNIFOM S-89					1	0.79
6 . Porcentaje musc.-ZP						1

r = 0.15 P < 0.05, r = 0.20 P < 0.01, r = 0.24 P < 0.001

Capítulo V

ESTIMACIÓN IN VIVO DE LA CANAL PORCINA POR EL MÉTODO DE ULTRASONOGRAFÍA: UN ENFOQUE DE LA ECO INTENSIFICACIÓN EN BIOECONOMIA.

In vivo estimation of the pig carcass by the ultrasonography method: An Approach to Eco-Intensification in Bioeconomics.

Blanco Roa, Noel [1]*; Hernández Zapata, Santiago [2]; Chavarría Rivaz, Elvin [2]; Zúniga-Gonzalez, Carlos[1]

[1] Escuela de ciencias agrarias y veterinarias – UNAN – León. Centro de Investigación en ciencias agrarias y economia aplicada.

[2] Empresa NICALIT.

*Autor por correspondencia: nblanco@ev.unanleon.edu.ni

Recibido: 25 julio 2019

Aceptado: 06 diciembre 2019

Palabras claves:

Sonografía, porcino, mediciones, músculos. Predicción, canal.

Blanco Roa, N. E., Hernández zapata, S., Chavarría Rivaz, Elvin., Zúniga González Carlos.: Estimación in vivo de la canal porcina por el método de ultrasonografía: Un Enfoque de la Ecointensificación en Bioeconomia. Revista iberoamericana de bioeconomía y cambio climático. Vol. 5, 2019 (10). p. 1278 – 1294. ISSN electrónico 2410 – 7980.

INDICE

1. RESUMEN

En este estudio se analiza la relación entre el espesor de grasa subcutánea (EGS), espesor muscular (EM), espesor de grasa subcutánea y espesor muscular juntos (EGSM), medidos con ultrasonido en un solo punto anatómico de cerdos vivos y los parámetros más importantes de la canal (Peso vivo, Peso de la canal, carne clase A, B, C que corresponden a las carnes de primera, segunda y tercera categoría, y cortes específicos cómo lomo, posta de pierna y aguja). En nuestro experimento utilizamos cerdos híbridos de las razas Pietrain, Landrace y Yorkshire en cantidad de 25 animales de ambos sexos. Los resultados del estudio sugieren que los parámetros de la composición de la canal aquí analizados (Peso vivo, peso de la canal, carne clase A, B, C y cortes específicos, lomo, posta de pierna y aguja) están altamente correlacionados con el espesor de la grasa subcutánea medida con el ultrasonido en la última costilla del musculo longuísimo dorsal en el lado izquierdo del cerdo vivo (r = 0.53 - 0.67). La correlación múltiple del modelo de predicción de regresión lineal entre los parámetros de la canal y el espesor de grasa dorsal fue (0.74) y el coeficiente de determinación mostró suficiente capacidad de predicción (R^2 = 0.55). Los modelos de predicción de regresión lineal de los componentes de la canal con el espesor muscular obtuvieron baja capacidad de predicción (R^2 = 0.23). Igualmente en el modelo de regresión del espesor de grasa subcutánea y espesor muscular juntos (R^2= 0.25). Entre las correlaciones más importantes encontradas están: lomo derecho, carne clase A (r = 0.80), peso vivo y canal entera (r = 0.85) paleta derecha y carne clase B (r = 0.88) siendo este patrón repetitivo en todas las correlaciones de las mediciones ultrasonografica y los componentes de la canal. Los resultados obtenidos en el presente trabajo alientan su utilización como técnica predictoria de la composición de la canal porcina en el sendero productivo Ecointensificación de la Bioeconomia.

2. INTRODUCCIÓN

La bioeconomia porcina se perfila como el gran actor de la bioeconomia global. El 75% de la producción y el consumo global de cerdo se concentra en tres regiones: China, Unión Europea y Estados Unidos.   Han crecido significativamente incrementándose en más de un 80% en los últimos 30 años.   Por eso la Ecointensificación es referida a las prácticas agronómicas y pecuarias dirigidas a mejorar el rendimiento ambiental de las actividades agrícolas y pecuarias sin sacrificar los niveles de producción /productividad existente. Un indicador clave es la siembra directa, así podemos mencionar, por lo menos al 2006 a Brazil, Argentina, Paraguay, Bolivia, Venezuela, Chile y Colombia, según datos de la FAO evidencia esta afirmación (Dios, 2015).   Más de 50 años de investigación y desarrollo han transcurrido en la calificación y clasificación de canales de cerdo. Iniciando con evaluaciones visuales, pasando por medidas directas de varios parámetros de grasa y magro con plantillas y reglas metálicas, la industria ha llegado al punto donde varias técnicas electrónicas altamente sofisticadas están disponibles (Ultrasonidos).

La canal representa el producto final de la producción del ganado porcino. De ahí que determinar la composición de una canal sea de gran importancia para muchos campos de la producción animal, pero muy particularmente para el mejoramiento genético. Los sistemas de clasificación de canales actualmente utilizados califican la conformación, pero están muy pocos relacionados con la composición real de estas por lo que pierden objetividad y se tornan insuficientes. En la actualidad, el único medio eficaz con el que se cuenta para determinar con exactitud la composición de una canal es el despiece. No obstante, este requiere del sacrificio de los animales, inversiones en medios técnicos y fuerza de trabajo, también implica pérdida de tiempo. Esto significa que carecemos de un sistema óptimo capaz de establecer con exactitud la composición de la canal a un costo y tiempo admisible.

Este hecho estimula la búsqueda de nuevos y modernos sistema de clasificación y predicción de la composición de la canal. La posible solución a esta problemática, puede estar en las tecnologías modernas. La ultrasonografía como posible técnica de estimación de la canal ha sido objeto de estudio durante décadas por muchos autores tales como; C. A. Mejía, M. M. Bermúdez, P. A. Velázquez, M. Izquierdo, J. A. Cuaron y G. Daumas.

Todos correlacionaron ya sea espesor muscular, espesor de la grasa dorsal, área del musculo longuísimo dorsi medidos con ultrasonidos, como indicadores de la composición de la canal. Obteniendo resultados alentadores sobre todo en los últimos trabajos de investigación, debido principalmente a la depuración de la técnica y a la precisión de la tecnología moderna.

El objetivo principal de este estudio fue analizar el espesor muscular y grasa dorsal, como posibles predictores de la composición de la canal porcina. Establecer con bastante precisión el peso de la canal, así como el peso de la carne de primera, segunda y tercera clase, para hacer más claras las transacciones de oferta y demanda con miras a crear esquemas de pago por calidad de canal y no por el cerdo vivo solamente. Por primera vez en Nicaragua se realiza un esfuerzo de esta naturaleza, orientado a optimizar las relaciones comerciales entre productores y comerciantes, tratando de establecer un precio justo del cerdo en pie acorde a la composición de su canal. Además la estimación in vivo de la canal es un elemento de vital importancia en la mejora genética porcina para potenciar y acelerar el progreso genético futuramente.

3. MATERIAL Y MÉTODO

Este estudio inició en el mes de octubre del año 2014 y finalizó en julio del año 2015. En el experimento fueron utilizados cerdos híbridos de las razas: Pietrain x Landrace y Yorkshire en cantidad de 25 animales (Hembras y Machos castrados). Los animales procedían de una sola granja porcina de la Finca NICALIT ubicada en el Km 69 en el Municipio de León en el Departamento de León-Nicaragua.

A la edad aproximada de 5 meses fueron seleccionados los 25 cerdos donde hasta la hora de realizar el ultrasonido se mantuvieron alojados en corrales de cemento, los cuales contaron con comederos tipo tolva y bebederos de chupón. Los animales fueron alimentados durante todo el experimento dos veces al día, con una dieta a base de concentrado de engorde a ración de 4 libras por animal divididas en 2 tiempos y suero de leche 1 ½ litros una vez al día por animal. Hasta alcanzar los 6 meses de edad.

La medición ultrasonografica se efectuó a los 6 meses de edad una semana antes del sacrificio. Se manipularon y se acorralaron los animales para facilitarnos su inmovilización en un área pequeña además se le subministro alimento, con el objetivo de tranquilizarlo para evitar el estrés y posible errores en la medición causados por movimientos excesivos de los animales. Luego los cerdos fueron sometidos a la medición del espesor de grasa subcutánea y el espesor muscular del Longisimo Dorsi utilizando un transductor de 3.5 MHz R60 80 conectado a un aparato de ultrasonido CHISAN-600M, constituyendo estas mediciones la primera etapa de la recogida de datos..

El punto anatómico de medición del animal fue rasurado e impregnado de gel conductor para ultrasonido para facilitar la transmisión de las ondas de ultrasonidos. Las mediciones del espesor de grasa subcutánea y el espesor muscular fueron realizadas en un solo punto de la anatomía de los cerdos vivos. Se midió el espesor del longuísimo dorsi en la última costilla. La medición ultrasonografíca se realizó en la media canal izquierda, posicionando el transductor dorso ventralmente en la superficie previamente rasurada. Las mediciones se repitieron cuatro veces en la misma área, luego se calculó la media de estos valores las cuales fueron utilizadas en la valoración estadística.

Los animales en la edad promedio de 180 días fueron sacrificados en la misma Finca NICALIT-Granja porcina. Se pesaron en forma individual para obtener su peso vivo antes del sacrificio, luego se pesó la canal entera post mortem, posterior a la evisceración se realizó una inspección minuciosa de la canal buscando la presencia de anormalidades específicas. (Abscesos, músculos golpeados), luego tanto la canal izquierda como la derecha fueron despiezadas, obteniéndose el peso de los cortes de carne de calidad específicos, así, cómo el peso de la carne de primera (A), segunda (B), tercera (C) y despojo (D).

Con el conjunto de datos obtenidos se creó la segúnda etapa de la base de datos. Utilizando el programa de Microsoft Excel 2010, se elaboró una hoja de cálculo, donde se plasmaron los valores de todos los parámetros estudiados. Mediciones ultrasonográficas y datos de la canal de los 25 cerdos que se incluyen en esta investigación de campo.

Para el análisis estadístico se utilizó el programa estadístico Micrisoft Excel 2010. En la primera fase del análisis de los datos se estimaron las características estadísticas básicas, media, desviación estándar, mínimo y máximo de las mediciones ultrasonografica del espesor de la grasa dorsal y el espesor del musculo medidos en milímetros, así como la de ambos valores juntos (espesor de grasa dorsal y musculo juntos). Igualmente se estimaron las características estadísticas básicas para los parámetros de la canal obtenidos con el faenado y despiece de los animales: peso vivo, peso de la canal, peso de los distintos cortes cárnicos específicos y el peso de las clases de carne carne de primera A, de segunda B, de tercera C y despojos D.

Nuestra investigación cuenta con datos primarios en una base de datos, recolectados en campo de forma directa y precisa.

La segunda fase del análisis estadístico fue estimar las correlaciones (r), de Pearson, entre EGD, EM, EGDM o sea las mediciones ultrasonografica y peso vivo, canal, lomo derecho, paleta derecha, aguja, posta de nalga y los tipos de carne Clase A (primera), clase B (segunda), C (tercera) Y D (despojo).

La tercera fase del análisis consistió en   determinar el coeficiente de determinación (R^2) para predecir peso vivo, peso de la canal , lomo derecho, los tipo de carne A (primera), B (segunda), y C (tercera) en relación a las medidas ultrasonografica.

4. RESULTADO Y DISCUSIÓN

En la tabla 1 se muestran las características estadísticas básicas de las mediciones ultrasonografica (EGD),(EM), (EGDM). En la cual podemos apreciar el máximo, mínimo, media y desviación, estándar de cada medición realizada. Donde el EGD tiene una media (12,85 mm), con una desviación estándar (1,90), EM tiene una media (54,81 mm), desviación estándar (4.7 mm), y EGDM tiene una media de (67,66 mm), y una desviación estándar (6,07).

Podemos observar que la desviación estándar más acusada de los valores de las medidas ultrasonográficas son para el EGDM encontrando la posible explicación en que los cerdos de nuestro experimento son híbridos de las razas Yorkshire, Landrace y Pietrain, razas con diferentes conformación. Los híbridos de la raza Pietrain son más conformados y por ende con mayor masa muscular que de los híbridos de la raza Landrace. La hibridación nos conlleva a una mayor variabilidad genética y debido a eso algunos cerdos pueden variar entre su peso, y algunas medidas zoométrica (anchura, largo del lomo y espesor de grasa), también que en la muestra se utilizaron hembras y machos los cuales acusan un dismorfismo sexual marcado.

La precisión de las mediciones del espesor de grasa dorsal y muscular con ultrasonidos depende de muchos factores, entre los más importantes podemos mencionar: la calidad y potencia del aparato de ultrasonido, la experiencia del operador y el espesor del punto a medir todos estos factores unidos al número de observaciones pueden influenciar los resultados estadísticos.

No obstante los resultados de nuestras mediciones ecográficas sugieren que con esta técnica es posible establecer con poco margen de error las diferencias de conformación y/o desarrollo muscular existentes entre los animales o grupos raciales, pudiendo las mediciones del espesor muscular ser tomadas en cuenta, como factor objetivo a la hora de calificar y/o clasificar las canales porcinas

En la tabla 2 se muestran los parámetros característicos de la canal porcina (cortes de la canal y la clasificación de las carnes según su calidad). En la tabla observamos que el peso vivo máximo encontrado fue de 100 kg, con una canal máxima de 85.45 kg, y a su vez un peso vivo mínimo de 77.27 kg con una canal mínima de 55 kg, con desviaciones estándares de 6.88 kg y 7.3 kg respectivamente, que son bastante bajas. Eso se debe en parte a que los cerdos tuvieron una alimentación estándar y fueron sacrificados prácticamente a la misma edad. Además tuvieron un desarrollo en un mismo ambiente. En general la poca diferencia de las desviaciones estándar viene determinada como bien lo referíamos anteriormente por la variabilidad genética y no por las condiciones mediambientales de crianza en nuestro caso.

Entre la media del peso vivo (90.42kg) y la media de la canal entera (73.32kg) existe una diferencia de valores, que se debe a los procedimientos realizados al sacrificio como: pérdida de sangre, y la evisceración.

El más alto coeficiente de correlación lineal encontrado fue entre el peso vivo y la canal entera (r = 0.85), lo que era de esperarse, debido a que la diferencia de peso entre ambas variables se reduce al peso de las vísceras y la sangre, igualmente entre el peso vivo y el lomo derecho (r=0.68) ya que el lomo representa una pieza de gran peso, por lo que guarda una relación directa con el peso vivo. Altos coeficientes de correlación fueron encontrados entre el espesor de la grasa dorsal y la canal entera (r= 0.67), así como también entre el espesor de la grasa dorsal y el peso vivo (r= 0.53) representando éstos, los resultados más significativos en nuestro estudio.

Nuestros resultados son similares a los presentados por Demo, P. et al. (2001), Mejía G et al (1999) Y Boland M et al (1995). Altos coeficientes de correlación fueron encontrados entre el lomo derecho y la carne clase A (r=0.80), entre la paleta derecha y clase B (r= 0.88), entre posta de nalga con la clase A y clase B (r= 0.75 y 0.70 respectivamente). El resto de correlaciones fueron bajas o no significativas TABLA 3.A.

Al correlacionar el espesor muscular con los parámetros de la canal aquí estudiados encontramos correlaciones medias (r= 0.29 - 0.22) TABLA. 3. B. Al correlacionar el espesor de la grasa subcutánea y espesor muscular juntos con los parámetros de la canal encontramos correlaciones de medias a altas (r= 0.44 - 0.40 correspondientes a canal entera y peso vivo respectivamente) estos valores son comparables con los encontrados por (Jogal S.M, Kennedy B.W, 1987), (McLaren D.; McKeithf F.; Novakofskij J1989) TABLA 3. C.

Se evaluó la posibilidad de predecir algunos parámetros de la canal aquí estudiados (carne clase A, B Y C) a partir de las mediciones ultrasonografica, integrada en modelos de ecuaciones de regresión lineal con resultados variados. El coeficiente de determinación del modelo de predicción de regresión lineal más elevado fue el de la medición ultrasonografía del espesor de grasa dorsal (R^2 =0.55 con una correlación múltiple de 0.74). Estos resultados son comparables con los encontrados por (McLaren D.; McKeithf F.; Novakofskij J1989), (Youssao I.; Verleyen V.; Verleyen P, 2002) pero inferiores a los obtenidos por Demo et al 1993 TABLA 4 (Ver Anexo).

En la tabla 5 (ver Anexo) se muestran los resultados obtenidos en el modelo de regresión lineal utilizando como variable independiente el espesor muscular, la correlación múltiple obtenida fue de (r= 0.48) y el coeficiente de determinación fue de (R^2= 0.23). En el caso de grosor grasa subcutánea y espesor muscular juntos los resultados fueron similares (r= 0.50 y R^2= 0.25 respectivamente) comparables con los resultados de C.J. López-Bote 2006) (R^2= 0,23-0,40) y (A.P Sather; H.T Fredeen 1982) (R^2 = 0,35, 0,35).

Existe diferencia en los resultados de los modelos si se integra o no a estos el peso vivo. En este sentido Walder et at, (1992) indican que la inclusión del peso vivo antes de sacrificio en los modelos de predicción produce un aumento mínimo de R^2 del 2% mientras que SLONIEWSKI et al (1997) dicen haber encontrado un aumento mínimo del R^2 del 5% en comparación con los modelos donde se incluían solo las mediciones ecográficas. En nuestros modelos se incluyó el peso vivo.

Los cálculos de predicción en nuestro trabajo indican que el modelo de regresión lineal donde se utilizó el espesor de grasa subcutánea tiene una capacidad de predicción moderada. La capacidad de predicción para los restantes modelos fue baja.

5. CONCLUSIONES

El espesor de grasa subcutánea del longuísimo dorsi medido en la última costilla de la media canal izquierda del cerdo, puede ser considerado como buen predictor del peso de la canal entera, y el corte de primera lomo de la canal porcina.

No obstante sería recomendable continuar en la investigación, repetir estudios similares con mayor número de animales para optimizar las ecuaciones de predicción de la composición de la canal porcina.

6. REFERENCIAS

Blanco Roa N., huba J., Hetenyi L., Oravcová A.: Estimación in vivo de la composición de la canal en bovinos utilizando mediciones ultrasonografica; universitas 1. 2008 pag 58-63. https://doi.org/10.5377/universitas.v2i1.1645

López-Bote., A. Daza.: Effect of feeding system on the growth and carcass characteristics of Iberian pigs, and the use of ultrasound to estimate yields of joints. Meat science. 72, 2006, p 1-8. https://doi.org/10.1016/j.meatsci.2005.04.031

Sather, A. P., H. T. Fredeen, A. H. Martin.: Live animal evaluation of two ultrasonic probes as estimators of subcutaneous backfat and carcass composition in pigs. 1982; Canadian Journal of Animal Science P.82-114.   https://doi.org/10.4141/cjas82-114

López G., Rubio M.: Tecnología para la evaluación objetiva de las canales de animales de abasto. Vet.Méx. 29, 1998, p. 287.

Londoño J., Velásquez C.: Clasificación y valoración de la calidad de canales porcinas en Colombia, monografía para optar al título de especialista en gerencia agropecuaria, 2013, p. 70.

Gérard D.: Clasificación de las canales porcinas en Francia y en Europa. Memorias 9° Seminario Nacional de Desenvolvimiento de Suinocultura. InstitutTechnique du Porc Francia, 2001 25-27 de abril de 2001. P 6-9.

Jogal S.M, Kennedy B.W: Evaluación de los equipos de medición eléctricos en la predicción de la composición de la canal en cerdos vivo, animal production, 1087, 45, P 97-102

Mejía G.C.A.; Montaño B.M.; Velázquez M.P.A. y Cuarón, I.J.A.: Estimación in vivo del rendimiento de las canales porcinas mediante ultrasonografía. Téc. Pecu. Méx. 1999, 37:2. P 31.

McLaren D.; McKeith F.; Novakofski J. Prediction of CarcassCharacteristics at Market Weightfrom Serial Real-Time Ultrasound Measures of Backfat and Loin Eye Area in the Growing Pig. Journal of Animal Science.67, 1989, P, 1657-1667. https://doi.org/10.2527/jas1989.6771657x

Swantek P.; Crenshaw J.; Marchello M.; Lukaski H.: Impedancia bioeléctrica: un método no destructivo para determinar la masa libre de grasa de cerdo de mercado y cerdo cadáveres vivos. J Animsci. 70.1992. P 77-169.

Boland M.; Foster K.; Schinckel.; Wagner J.; Chen W.; Berg E.; Forrest J.: Técnicas de evaluación de la canal alternativa: Las diferencias en las predicciones de valor. J anim sci.73, 1995. P 44.

Ordenes L.: Evaluación del espesor de la grasa dorsal y peso vivo en jabalí puro y en mestizos desde las 17 hasta las 39 semanas de edad, memoria presentada a la facultad de medicina veterinaria de la universidad de concepción para optar al título de médico veterinario; Chillan-Chile, 2005, P 6.

Higbie A.; Bidner T.; Matthews J.; Southern L.; Page T.; Persica M.: Sanders M.; Monlezun C. Prediction of swinecarcass composition by total body electrical conductivity. J. Anim. Sci. 2002. 80 P.113. https://doi.org/10.2527/2002.801113x

Youssao I.; Verleyen V.; Verleyen P.: Prediction of carcass lean content by real-time ultrasound in Pietrain and negative stress Pietrain. Animal Science. 2002, 75 P 25. https://doi.org/10.1017/S1357729800052796

Consumo mundial de carne porcina [en línea] http://www.aacporcinos.com.ar [citado el 23 de marzo de 2015]

El principal productor y consumidor mundial de carne [en línea] http://www.centralamericadata.com [citado el 20 de marzo de 2015]

Definición canal porcina [en línea] http://www.uco.es/zootecniaygestion/ [citado el 20 de marzo de 2015]

Escáneres de ultrasonido [citado en línea] http://www.cancerquest.org/index.cfm?page=3422&lang [citado el 19 de marzo de 2015]

Zúniga-González, C. A., Durán Zarabozo, O., Dios Palomares, R., Sol Sánchez, A., Guzman Moreno, M. A., Quiros, O., & Montoya Gaviria, G. D. J. (2014). Estado del arte de la bioeconomía y el cambio climático (No. 1133-2016-92457, pp. 20-329).

7.- TABLAS

Tabla 1: Características Estadísticas Básicas de las mediciones ultrasonografica		
	Espesor Grasa Dorsal (Mm)	Espesor del musculo (Mm)	Espesor Grasa Dorsal y muscular (Mm)
Máximo	16.53	65.13	81.15
Mínimo	9.53	46.3	56.53
Media	12.85	54.81	67.66
Deviación Estándar	1.9	4.97	6.07

Fuente: Elaboración propia en base de datos de campo

	Tabla 2: Características estadísticas básicas de los parámetros de la canal									
	Peso vivo (kg)	Canal entera (kg)	Lomo derecho (kg)	Paleta derecha (kg)	Aguja (kg)	Posta nalga (kg)	Clase A (kg)	Clase B (kg)	Clase C (kg)	Clase D (kg)
Máximo	100	85.45	9.54	8.18	4.09	7.72	27.3	25.4	23.69	3.16
Mínimo	77.27	55	6.81	3.69	1.59	4.09	18.6	13.6	15.45	1.05
Media	90.42	73.32	8.87	5.98	2.18	5.04	22.47	19.21	18.9	1.76
Desviación Está	6.88	7.73	0.69	1.25	0.6	0.88	2.1	2.99	1.68	0.59

Fuente: Elaboración propia en base de datos de campo.

TABLA 3.A: Correlaciones de Grasa Dorsal (mm)

	Espesor Grasa Dorsal	*Peso vivo*	*Canal entera*	*Lomo derecho*	*Paleta derecha*	*Aguja*	*Posta nalga*	*Clase A*	*Clase B*	*Clase C*	*Clase D*
Espesor Grasa Dorsal (mm)											
Peso vivo	0.538	1									
Canal entera	0.674	0.853	1								
Lomo derecho	0.293	0.688	0.467	1							
Paleta derecha	0.038	0.047	-0.15	0.415	1						
Aguja	-0.259	0.025	-0.187	-0.018	-0.232	1					
Posta nalga	-0.194	0.121	-0.225	0.391	0.331	0.638	1				
Clase A	0.022	0.458	0.195	0.808	0.422	0.33	0.755	1			
Clase B	-0.082	0.076	-0.228	0.463	0.888	0.201	0.709	0.659	1		
Clase C	0.098	0.451	0.193	0.572	0.204	0.421	0.717	0.765	0.487	1	
Clase D	-0.299	-0.19	-0.461	0.147	0.35	0.169	0.576	0.318	0.5	0.379	1

Fuente: Elaboración propia en base de datos de campo.

Tabla 3.B: Correlación Espesor Muscular (mm)

	Espesor Muscular	Peso vivo	Canal entera	Lomo derech	Paleta derec	Aguja	Posta nalga	Clase A	Clase B	Clase C	Clase D
Espesor Muscular (mm)	1										
Peso vivo	0.293	1									
Canal entera	0.286	0.853	1								
Lomo derecho	0.223	0.688	0.467	1							
Paleta derecha	-0.148	0.047	-0.15	0.415	1						
Aguja	0.219	0.025	-0.187	-0.018	-0.232	1					
Posta nalga	0.103	0.121	-0.225	0.391	0.331	0.638	1				
Clase A	0.225	0.458	0.195	0.808	0.422	0.33	0.755	1			
Clase B	-0.07	0.076	-0.228	0.463	0.888	0.201	0.709	0.659	1		
Clase C	0.031	0.451	0.193	0.572	0.204	0.421	0.717	0.765	0.487	1	
Clase D	-0.294	-0.19	-0.461	0.147	0.35	0.169	0.576	0.318	0.5	0.379	1

Fuente: Elaboración propia en base de datos de campo.

Tabla 3.C: Correlación Grosor grasa subcutánea y espesor muscular (mm)

	Grosor de la grasa subcutánea y espesor muscular	Peso vivo	Canal entera	Lomo derecho	Paleta derecha	Aguja	Posta nalga	Clase A	Clase B	Clase C	Clase D
Grosor de la grasa subcutánea y espesor muscular (mm)	1										
Peso vivo	0.409	1									
Canal entera	0.446	0.853	1								
Lomo derecho	0.275	0.688	0.467	1							
Paleta derecha	-0.109	0.047	-0.15	0.415	1						
Aguja	0.098	0.025	-0.187	-0.018	-0.232	1					
Posta nalga	0.023	0.121	-0.225	0.391	0.331	0.638	1				
Clase A	0.191	0.458	0.195	0.808	0.422	0.33	0.755	1			
Clase B	-0.083	0.076	-0.228	0.463	0.888	0.201	0.709	0.659	1		
Clase C	0.056	0.451	0.193	0.572	0.204	0.421	0.717	0.765	0.487	1	
Clase D	-0.335	-0.19	-0.461	0.147	0.35	0.169	0.576	0.318	0.5	0.379	1

Fuente: Elaboración propia en base de datos de campo.

<table>
<tr><td colspan="5" align="center">Tabla 4: Regresión Espesor Grasa Dorsal</td></tr>
</table>

Estadísticas de la regresión	
Coeficiente de correlación múltiple	0.744
Coeficiente de determinación R^2	0.553
R^2 ajustado	0.404
Error típico	1.442
Observaciones	25

ANÁLISIS DE VARIANZA

	Grados de libertad	Suma de cuadrados	Promedio de los cuadrados	F	Valor crítico de F
Regresión	6	46.287	7.714	3.713	0.014
Residuos	18	37.404	2.078		
Total	24	83.69			

	Coeficientes	Error típico	Estadístico t	Probabilidad	Inferior 95%	Superior 95%	Inferior 95.0%	Superior 95.0%
Intercepción	0.649	4.41	0.147	0.885	-8.616	9.913	-8.616	9.913
Peso vivo	-0.093	0.114	-0.82	0.423	-0.333	0.146	-0.333	0.146
Canal entera	0.238	0.09	2.645	0.016	0.049	0.427	0.049	0.427
Lomo derecho	0.891	0.951	0.937	0.361	-1.107	2.889	-1.107	2.889
Clase A	-0.611	0.355	-1.721	0.102	-1.358	0.135	-1.358	0.135
Clase B	0.224	0.153	1.465	0.16	-0.097	0.546	-0.097	0.546
Clase C	0.252	0.294	0.855	0.404	-0.367	0.87	-0.367	0.87

Tabla 5: Regresión Espesor Musculo.

Estadísticas de la regresión	
Coeficiente de correlación múltiple	0.4846
Coeficiente de determinación R^2	0.2349
R^2 ajustado	-0.0202
Error típico	4.9207
Observaciones	25

ANÁLISIS DE VARIANZA

	Grados de libertad	Suma de cuadrados	Promedio de los cuadrados	F	Valor crítico de F
Regresión	6	133.792	22.299	0.921	0.503
Residuos	18	435.839	24.213		
Total	24	569.632			

	Coeficientes	Error típico	Estadístico t	Probabilidad	Inferior 95%	Superior 95%	Inferior 95.0%	Superior 95.0%
Intercepción	42.01	15.053	2.791	0.012	10.386	73.634	10.386	73.634
Peso vivo	0.266	0.389	0.685	0.502	-0.551	1.083	-0.551	1.083
Canal entera	-0.025	0.307	-0.081	0.937	-0.669	0.62	-0.669	0.62
Lomo derecho	-2.225	3.246	-0.686	0.502	-9.045	4.594	-9.045	4.594
Clase A	2.054	1.213	1.693	0.108	-0.494	4.602	-0.494	4.602
Clase B	-0.512	0.523	-0.979	0.341	-1.611	0.587	-1.611	0.587
Clase C	-1.381	1.004	-1.375	0.186	-3.491	0.729	-3.491	0.729

Fuente: Elaboración propia en base de datos de campo.

yes I want morebooks!

Buy your books fast and straightforward online - at one of world's fastest growing online book stores! Environmentally sound due to Print-on-Demand technologies.

Buy your books online at
www.morebooks.shop

¡Compre sus libros rápido y directo en internet, en una de las librerías en línea con mayor crecimiento en el mundo! Producción que protege el medio ambiente a través de las tecnologías de impresión bajo demanda.

Compre sus libros online en
www.morebooks.shop

KS OmniScriptum Publishing
Brivibas gatve 197
LV-1039 Riga, Latvia
Telefax: +371 686 204 55

info@omniscriptum.com
www.omniscriptum.com